# 钒铬渣中钒的浸出过程及机理

彭浩 郭静 李兵 著

化学工业出版社
·北京·

## 内 容 简 介

本书主要介绍了钒资源的相关概况，钒的基本湿法冶炼工艺，钒铬渣浸出动力学模型，工业中钒铬渣的一些分析测试方法，工艺优化法-响应曲面法，多种钒铬渣湿法浸出工艺，利用三聚氰胺回收钒离子，利用三聚氰胺分离回收钒铬渣浸出液中钒和铬等。本书系统性强、内容丰富，对钒铬渣的资源化利用具有一定的指导意义。

本书可供科研院所及钒铬资源综合利用企业等的相关技术人员阅读参考，也可作为高等院校相关专业师生的参考书。

**图书在版编目（CIP）数据**

钒铬渣中钒的浸出过程及机理/彭浩，郭静，李兵著．—北京：化学工业出版社，2023.4
ISBN 978-7-122-42821-9

Ⅰ.①钒… Ⅱ.①彭…②郭…③李… Ⅲ.①钒-有色金属冶金 Ⅳ.①TF841.3

中国国家版本馆CIP数据核字（2023）第024609号

责任编辑：陈　喆　　　　　　　文字编辑：陈　雨
责任校对：李雨函　　　　　　　装帧设计：王晓宇

出版发行：化学工业出版社（北京市东城区青年湖南街13号　邮政编码100011）
印　　装：北京虎彩文化传播有限公司
710mm×1000mm　1/16　印张10¼　字数173千字
2023年5月北京第1版第1次印刷

购书咨询：010-64518888　　　　　售后服务：010-64518899
网　　址：http://www.cip.com.cn
凡购买本书，如有缺损质量问题，本社销售中心负责调换。

定　价：99.00元　　　　　　　　　　　　　　版权所有　违者必究

# 前言

钒及其化合物作为重要的战略性资源，广泛应用于冶金、化工、航空航天、国防军事等核心领域，是国民经济发展和国家安全的重要保障基础。在自然界中，钒主要以低价态化合物赋存于钒钛磁铁矿、钒云母和钒铅矿中。钒铬渣是一种含钒量较高的、重要的含钒资源，其资源化利用具有较强的现实意义。

本书是一本系统性较强、内容丰富的专著，对钒铬渣的资源化利用具有一定的指导意义。本书内容共分13章，第1章主要介绍了钒资源的相关概况；第2章主要介绍钒的基本湿法冶炼工艺；第3章主要介绍钒铬渣浸出动力学模型；第4章主要介绍工业中钒铬渣的一些分析测试方法；第5章介绍工艺优化法-响应曲面法；第6~11章则分别介绍了多种钒铬渣湿法浸出工艺；第12章主要介绍了利用三聚氰胺回收钒离子；第13章介绍了利用三聚氰胺分离回收钒铬渣浸出液中钒和铬。

本书由重庆市自然科学基金面上项目"电化学振荡调控低价钒定向转化机制研究（No.cstc2021jcyj-msxmX0129）"和重庆市教委青年项目"转炉钒渣中钒的赋存规律及定向转化行为研究（No. KJQN202201406）"资助，在此一并表示感谢。

本书可作为高等院校、科研院所和钒铬资源综合利用企业相关人员的参考书。

由于编写时间仓促，且限于作者学识水平，书中不足之处在所难免，恳请广大读者批评指正。

著者

# 目录

## 第 1 章 钒资源 … 1

1.1 钒的分布 … 1
1.2 钒的性质 … 2
1.3 钒的用途 … 4

## 第 2 章 钒的湿法冶炼工艺 … 7

2.1 钠化焙烧提钒 … 7
2.2 无盐焙烧提钒 … 9
2.3 复合添加剂焙烧提钒 … 9
2.4 钙化焙烧提钒 … 10
2.5 亚熔盐氧化法提钒 … 11
2.6 溶剂萃取法提钒 … 12
2.7 离子交换法提钒 … 13

## 第 3 章 浸出动力学模型 … 15

3.1 引言 … 15
   3.1.1 收缩粒子模型 … 15
   3.1.2 收缩核心模型 … 16

3.2 动力学模型的构建 ………………………………………………… 17

# 第 4 章
## 研究方法　19

4.1 分析测试方法 ……………………………………………………… 19
　　4.1.1 钒的分析测试方法 ……………………………………………… 19
　　4.1.2 铬的分析测试方法 ……………………………………………… 21
4.2 材料结构性质表征方法 …………………………………………… 22
　　4.2.1 X 射线荧光光谱仪 ……………………………………………… 22
　　4.2.2 X 射线衍射光谱分析 …………………………………………… 23
　　4.2.3 傅里叶红外光谱分析 …………………………………………… 23
　　4.2.4 紫外吸收光谱分析 ……………………………………………… 23
　　4.2.5 扫描电子显微镜 ………………………………………………… 23

# 第 5 章
## 响应曲面法　24

5.1 响应曲面法 ………………………………………………………… 24
　　5.1.1 过程变量和响应变量选取 ……………………………………… 25
　　5.1.2 选取合适的实验设计 …………………………………………… 25
　　5.1.3 实验数据统计处理 ……………………………………………… 26
　　5.1.4 验证模型 ………………………………………………………… 26
　　5.1.5 确定优化过程参数变量 ………………………………………… 27
5.2 实验设计 …………………………………………………………… 28
　　5.2.1 全因子和部分因子实验设计 …………………………………… 28
　　5.2.2 Plackett-Burman 实验设计 ……………………………………… 28
　　5.2.3 中心组合实验设计 ……………………………………………… 29
　　5.2.4 Box-Behnken 设计 ……………………………………………… 29
　　5.2.5 Doehlert Matrix 设计 …………………………………………… 30
5.3 优化方法简介 ……………………………………………………… 30

# 第 6 章
## 电场强化钒铬滤饼湿法浸出行为研究   32

- 6.1 引言 …………………………………………………………… 32
- 6.2 实验过程 ……………………………………………………… 33
  - 6.2.1 实验原料 ………………………………………………… 33
  - 6.2.2 实验步骤 ………………………………………………… 34
- 6.3 直接碱性浸出实验 …………………………………………… 34
- 6.4 电场强化浸出实验 …………………………………………… 35
  - 6.4.1 反应机理 ………………………………………………… 35
  - 6.4.2 NaOH 用量对钒浸出率的影响 ………………………… 37
  - 6.4.3 电流密度对钒浸出率的影响 …………………………… 38
  - 6.4.4 反应时间对钒浸出率的影响 …………………………… 39
  - 6.4.5 反应温度对钒浸出率的影响 …………………………… 40
  - 6.4.6 物相变化 ………………………………………………… 41
- 6.5 浸出动力学行为研究 ………………………………………… 41
- 6.6 本章小结 ……………………………………………………… 43

# 第 7 章
## 重铬酸钾氧化钒铬滤饼湿法浸出实验研究   45

- 7.1 概述 …………………………………………………………… 45
- 7.2 实验过程 ……………………………………………………… 45
  - 7.2.1 实验预处理 ……………………………………………… 45
  - 7.2.2 实验步骤 ………………………………………………… 45
- 7.3 结果与讨论 …………………………………………………… 46
  - 7.3.1 重铬酸钾用量的影响 …………………………………… 46
  - 7.3.2 氢氧化钠用量的影响 …………………………………… 47
  - 7.3.3 反应温度的影响 ………………………………………… 48
  - 7.3.4 反应时间的影响 ………………………………………… 49
- 7.4 响应曲面法分析 ……………………………………………… 50
  - 7.4.1 参数设置 ………………………………………………… 50
  - 7.4.2 模型分析 ………………………………………………… 50

| | 7.5 | 浸出动力学分析 | 51 |
|---|---|---|---|
| | 7.6 | 本章小结 | 52 |

# 第 8 章
## 高锰酸钾氧化钒铬滤饼湿法浸出实验研究　　53

| 8.1 | 引言 | | 53 |
|---|---|---|---|
| 8.2 | 实验过程 | | 53 |
| | 8.2.1 | 实验预处理 | 53 |
| | 8.2.2 | 实验步骤 | 53 |
| 8.3 | 结果与讨论 | | 54 |
| | 8.3.1 | 热力学分析 | 54 |
| | 8.3.2 | 高锰酸钾用量的影响 | 55 |
| | 8.3.3 | 氢氧化钠剂量对浸出率的影响 | 57 |
| | 8.3.4 | 反应温度对萃取效率的影响 | 57 |
| | 8.3.5 | 反应时间对浸出率的影响 | 58 |
| | 8.3.6 | 液固比对浸出率的影响 | 59 |
| | 8.3.7 | 动力学分析 | 60 |
| 8.4 | 结论 | | 62 |

# 第 9 章
## 过硫酸盐氧化钒铬滤饼湿法浸出实验研究　　63

| 9.1 | 引言 | | 63 |
|---|---|---|---|
| 9.2 | 实验过程 | | 63 |
| | 9.2.1 | 实验预处理 | 63 |
| | 9.2.2 | 实验步骤 | 63 |
| 9.3 | 结果与讨论 | | 64 |
| | 9.3.1 | 过硫酸钠用量的影响 | 64 |
| | 9.3.2 | 氢氧化钠用量的影响 | 65 |
| | 9.3.3 | 反应温度的影响 | 65 |
| | 9.3.4 | 反应时间的影响 | 66 |
| | 9.3.5 | 液固比的影响 | 67 |

| 9.4 响应面分析 | 68 |
| 9.5 动力学分析 | 70 |
| 9.6 本章小结 | 71 |

## 第 10 章 $H_2O_2$ 氧化钒铬滤饼湿法浸出实验研究 … 73

| 10.1 引言 | 73 |
| 10.2 实验过程 | 73 |
|     10.2.1 实验预处理 | 73 |
|     10.2.2 实验步骤 | 74 |
| 10.3 结果与讨论 | 74 |
|     10.3.1 反应机理 | 74 |
|     10.3.2 反应热力学 | 75 |
|     10.3.3 NaOH 用量对钒、铬浸出率的影响 | 77 |
|     10.3.4 $H_2O_2$ 用量对钒、铬浸出率的影响 | 78 |
|     10.3.5 反应温度对钒、铬浸出率的影响 | 79 |
|     10.3.6 反应时间对钒、铬浸出率的影响 | 80 |
| 10.4 钒的浸出动力学行为 | 80 |
| 10.5 本章小结 | 82 |

## 第 11 章 电场强化高铬钒渣湿法浸出实验研究 … 83

| 11.1 引言 | 83 |
| 11.2 实验步骤 | 84 |
| 11.3 结果与讨论 | 84 |
|     11.3.1 单因素实验 | 84 |
|     11.3.2 钒渣表征 | 87 |
| 11.4 浸出动力学行为 | 89 |
| 11.5 本章小结 | 92 |

# 第 12 章
## 三聚氰胺吸附钒离子行为研究 　　93

- 12.1 引言 ································································ 93
- 12.2 实验过程 ·························································· 94
- 12.3 实验结果与讨论 ················································ 94
  - 12.3.1 反应机理 ················································ 94
  - 12.3.2 溶液 pH 值对吸附率和吸附容量的影响 ········ 96
  - 12.3.3 三聚氰胺用量对吸附率和吸附容量的影响 ···· 97
  - 12.3.4 吸附时间对吸附率和吸附容量的影响 ········· 99
  - 12.3.5 反应温度对吸附率和吸附容量的影响 ········· 100
  - 12.3.6 SEM 图谱 ············································· 101
- 12.4 吸附动力学行为研究 ········································· 102
  - 12.4.1 拟一级动力学方程 ·································· 102
  - 12.4.2 拟二级动力学方程 ·································· 104
- 12.5 吸附等温线 ······················································ 106
  - 12.5.1 Langmuir 吸附等温模型 ························· 106
  - 12.5.2 Freundlich 吸附等温模型 ······················· 108
- 12.6 本章小结 ·························································· 110

# 第 13 章
## 三聚氰胺分步吸附钒和铬离子行为研究 　　112

- 13.1 引言 ································································ 112
- 13.2 实验过程 ·························································· 112
  - 13.2.1 三聚氰胺吸附钒 ····································· 112
  - 13.2.2 电还原六价铬 ········································· 113
  - 13.2.3 三聚氰胺吸附铬 ····································· 113
- 13.3 钒的吸附 ·························································· 113
  - 13.3.1 三聚氰胺的理化表征 ······························· 113
  - 13.3.2 初始 pH 值的影响 ·································· 115
  - 13.3.3 三聚氰胺用量的影响 ······························· 116
  - 13.3.4 反应温度的影响 ····································· 117

## 13.3.5 反应时间的影响 ····· 117
## 13.4 电催化还原铬 ····· 118
### 13.4.1 $H_2SO_4$ 用量的影响 ····· 119
### 13.4.2 反应温度的影响 ····· 120
### 13.4.3 电流强度的影响 ····· 120
### 13.4.4 反应机理 ····· 120
## 13.5 铬的吸附 ····· 122
### 13.5.1 三聚氰胺用量的影响 ····· 122
### 13.5.2 反应温度的影响 ····· 123
### 13.5.3 反应时间的影响 ····· 124
## 13.6 动力学分析 ····· 125
## 13.7 热力学分析 ····· 126
### 13.7.1 吸附等温线 ····· 126
### 13.7.2 热力学分析 ····· 127
## 13.8 本章小结 ····· 128

# 参考文献 ····· 130

# 第1章

# 钒资源

## 1.1 钒的分布

1801年德·里奥在研究 Zimapan 地区的褐矿时发现了一种经盐酸处理会变红的新元素，其与铬的性质相似，暂时将其命名为 Erythronium（其拉丁文含义为红色）。后来，瑞典化学家西弗斯特姆发现了一种与铬和铁都比较类似，且有美丽颜色的新元素——Vanadium（钒）。该元素被证实与德·里奥发现的为同一种元素。1867年，亨利·英弗尔德·罗斯科将二氯化钒用氢气还原制得了纯度为96%的金属钒；1925年比尔德和克鲁斯制备出了纯度为99.7%的钒；将五氧化二钒在钢制容器内还原得到了纯金属钒，将该金属钒微粒洗涤后于真空炉中熔炼，可以获得纯度为99.99%的钒。

(1) 世界钒资源的分布

钒在地壳中主要以+3价和+4价的形式存在，且分布分散，在地壳中的含量约为0.0112%。目前，世界上已知的含钒矿物大约有65种，主要包括钒钛磁铁矿、钒云母和钒铅矿等，此外还有大量的钒赋存于铝土矿和某些沉积物如含碳质的石油、页岩、沥青和石煤中。钒主要分布在南非、俄罗斯、中国、澳大利亚、新西兰以及美国等国家，其资源分布如表1.1所示。

表 1.1 钒资源的分布

| 项目 | 占可开采储量的比例/% | 占保有储量的比例/% |
|---|---|---|
| 俄罗斯 | 48.9 | 22.5 |
| 南非 | 29.4 | 40.2 |
| 中国 | 19.6 | 9.6 |
| 澳大利亚 | 1.6 | 7.7 |
| 美国 | — | 12.9 |
| 其他 | 0.5 | 7.1 |

(2) 我国钒资源的分布

世界上接近 90% 的钒是从钒钛磁铁矿中提炼得到的，而我国的钒钛磁铁矿储量也相当丰富。四川省攀枝花地区已探明的储量近 100 亿吨，河北承德地区的储量则接近全国储量的 40%。我国是世界上五氧化二钒的生产大国、消费大国和出口大国，2016 年我国五氧化二钒出口量高达 8387t（图 1.1）。

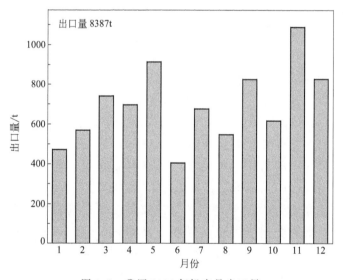

图 1.1 我国 2016 年钒产品出口量

## 1.2 钒的性质

钒是一种金属元素，在元素周期表中位于ⅤB族。因其具有优良的性能，在发展现代工业、国防等方面不可或缺，被称为"工业味精"和"工业维生素"。常温下金属钒呈现银灰色，其相关物理性质列于表1.2。

表 1.2 钒的物理性质

| 性质 | 数据 |
| --- | --- |
| 原子序数 | 23 |
| 原子量 | 50.942 |
| 熔点/℃ | 1910 |
| 沸点/℃ | 3409 |
| 晶格常数/Å($1Å=10^{-10}$ m) | 3.024 |
| 晶型 | 体心立方 |
| 密度/(g/cm³) | 6.11 |

钒的化学性质主要由未充满电子的最外层和次外层电子结构所决定。钒原子的价电子构型为[Ar]$3d^3 4s^2$，五个价电子都可以参与成键，可以生成+2、+3、+4、+5价态的化合物，其中最高氧化态为+5时，相当于$d^0$的结构，此时钒的结构最稳定，故五价钒的化合物较稳定。另外，五价钒的实用价值也最大。

各种价态的钒离子在水中的溶解度和存在形态与溶液的pH值有很大关系。当钒的浓度在$10^{-3}$ mol/L时，将溶液调到中性，各种价态的钒离子均会水解形成沉淀；在强碱条件下，有些沉淀可以溶解而以阴离子形式存在。二价的钒离子$V^{2+}$能缓慢将水还原为$H_2$。三价钒离子$V^{3+}$在pH=2.2时水解生成$V(OH)^{2+}$；pH<2时，$V^{3+}$在无氧条件下是稳定存在的；pH>2.2时，$V^{3+}$发生二聚并产生沉淀；$V^{3+}$在中性和碱性溶液中极易被氧化而不稳定。

V(Ⅳ)由于其电荷较高，在溶液中没有$V^{4+}$存在，通常以$VO^{2+}$存在，其性质与过渡元素和碱土金属二价阳离子的性质相似。在溶液pH<2时，蓝色的$VO^{2+}$与$VO(OH)^+$平衡共存；pH>2时，$VO^{2+}$聚合形成$[VO(OH)]_2^{2+}$；pH>4.5时，产生$VO(OH)_2$沉淀；当pH>11时，沉淀溶解生成棕色的离子$VO(OH)_3^-$。钒氧离子在酸性溶液中是稳定的，但在中性及碱性条件下会与空气发生氧化反应。

V(Ⅴ)离子的水溶液化学性质比低价态的更为复杂。pH<2时，V(Ⅴ)主要以浅黄色的钒氧离子$VO_2^+$存在，当pH值增大时，如果$VO_2^+$的浓度大于毫摩尔/升，则会有$V_2O_5$沉淀形成；当pH>3时，由于生成多聚钒酸盐$[V_{10}O_{26}(OH)_2]^{4-}$溶液呈橙色；在pH=6~8时，$V(OH)_3^{2+}$、$H_2VO_4^-$、$V_3O_9^{3-}$及$V_4O_{12}^{4-}$混合而成的钒酸盐溶液是无色的；当pH>9，浓度大于毫摩尔/升时，钒主要以焦钒酸根的形式存在，浓度较小时，则主要以 $HVO_4^{2-}$ 和 $H_2VO_4^-$ 的形式存在。

## 1.3 钒的用途

常温下金属钒的化学性质较稳定，不易被氧化，甚至在300℃以下都能保持其光泽，但在高温下却能与碳、硅、氮和硫等大部分非金属元素反应生成化合物。

钒具有较好的耐腐蚀性能，能耐淡水和海水的侵蚀，亦能耐氢氟酸以外的非氧化性酸（如盐酸和稀硫酸）和碱溶液的侵蚀，但能被氧化性酸（浓硫酸、浓盐酸、硝酸和王水）溶解。在空气中，熔融的碱、碱金属碳酸盐可将金属钒溶解而生成相应的钒酸盐。此外，钒也具有一定的耐液态金属和合金（钠、铅-铋）腐蚀的能力。

(1) 钒在钢铁中的应用

全球85%左右的钒皆用于钢铁工业，在钢铁中加入少量的钒，可显著提高钢铁的强度，增加钢铁的韧性、延展性、可塑性等。钢中加入少量的钒，与碳、氮等形成的碳化物、氮化物等能起到细化颗粒、消除杂质、增强延展性的作用，所以钒钢被广泛用于建筑、结构材料、汽车、桥梁及压力容器等。

在钢铁工业中钒主要用于生产微合金钢、低合金钢，其次是重轨钢、管线钢，再次就是汽车、火车、造船用钢等。钒用在高碳钢中主要作用是提高强度、韧性、塑性，钒还可以细化奥氏体的晶粒和珠光体的组织形态，提高重轨的强度和寿命。在中碳钢中则主要用于非调制钢、弹簧钢和容器用钢，其作用也是提高强度和韧性。在低碳钢中则主要以 $VC_5$、VN 等形式存在，通常，细小的颗粒足以抑制钢中晶界移动和晶粒长大。在合金化铸铁中加入0.1%~0.15%的钒可防止铸铁石墨化，改善其抗磨性能，其强度和韧性皆有很大提高。

(2) 钒在有色金属工业中的应用

约10%的钒用于生产钛合金，主要用于航空、航天工业；50%以上用于生产Ti6Al4V的棒、锭、板材，广泛用作航空、航天器的部件。其中Ti8Al1Mo1V是最具有代表性的α相合金，在温度约为400℃时，有抗蠕变性能和足够的强度，经几轮退火，其蠕变强度及断裂韧性可以提高，而且仍可以保持良好的强度。在钛合金中，α-β相占多数，具有较高的强度、耐热处理，更具有可塑性，但韧性较低，较难焊接，在此类合金中，Ti6Al4V

是其中性能最好的一个，兼具强度、延展性好，在20世纪被广泛使用。其在航空领域的应用，诸如飞机、火箭发动机、喷射引擎等方面，已是不可替代的材料。

(3) 钒在磁性合金中的应用

在磁性材料铁-钴基合金中，加入钒可显著改善其磁性，提高强度、可塑性、电阻、矫顽力等。这类合金的材料与加工都非常昂贵，因此只应用于特定领域。它还在宽广的范围内有较高的微分磁导率，应用的场合包括飞机发动机，接收话筒的线圈开关、存储器磁芯，高温组件，电话接收器的耳机膜等。

(4) 钒在核反应堆合金中的应用

从20世纪60年代开始，钒基合金因对快中子的俘获面积小，抗液体金属钠的腐蚀以及良好的高温蠕变温度，被考虑用来替代不锈钢作为核反应堆的衬里。德、美等国开发的V15Cr5Ti和V3Ti1Si具有较高的热导率和较低的膨胀系数，可产生较低的热应力，此性质可延长核反应堆壁的负荷与寿命，与碳钢壁相比，可望取得较高的反应堆温度。经过一些特殊处理后，该类合金的耐高温强度、抗氧化、抗中子辐射的性能都有显著提高。

(5) 钒在催化剂领域的应用

在化学工业中应用的钒制品主要有深加工产品 $V_2O_5$、$NH_4VO_3$、$NaVO_3$、$KVO_3$ 等。其在化学工业及石油工业中广泛用作催化剂，主要是用于氧化反应，因为钒有多种价态，其最外电子层的结构具有传递电子的活性。在制取硫酸、聚氯乙烯、聚苯乙烯、合成醋酸、草酸、苯甲酸、邻苯二甲酸等过程中均被用作催化剂。此外，$V_2O_5$ 还用作石油化工领域生产的催化剂，具有特殊的活性，其他元素难以代替。随着化学工业和科学技术的迅速发展，钒作为催化剂的重要性将更加显现出来，应用价值也将在更多行业中得到体现。

(6) 钒在颜料中的应用

钒的氧化物呈现各种颜色，因此在玻璃、陶瓷工业中用作染色剂，加入NaF等卤化物在焙烧过程中作为矿化剂可得到红、绿、蓝、黄、琥珀等各种更丰富的色彩。铋黄是一种优良的黄色无机颜料，其主要成分是钒酸铋，具有环境友好、耐候性好等特点，可以用来替代铬黄和镉黄等有毒的传统颜料。

(7) 钒在电池中的应用

锂钒氧化物以其高容量、低成本、无污染等优点已成为最具有发展前途的锂离子蓄电池正极材料。另外，澳大利亚新南威尔士大学研制的新型清洁能源——钒氧化还原液流电池（简称钒电池）已经实用化。作为目前最有前途的新能量储蓄系统之一，钒电池与其他二次蓄电池相比，具有如下优点：①可以随意改变电解液的浓度和电解液的体积来增大电池的容量；②钒电池的正负极分别储存在正负极电解槽中，中间用离子交换膜隔开，避免了正负极电解液的接触，不会造成短路或电流中断的现象；③钒电池在充放电的过程中不会出现其他电池常有的物相变化，可进行深度放电且不损坏电池，使得其工作寿命长，目前商业化示范运行时间最长的钒电池模块已正常运行超过 9 年，充放循环寿命超过 18000 次，远远高于固定型铅酸电池的 1000 次；④结构简单，除离子交换膜外，其他电池部件材料来源丰富，易维修更换；⑤充放电速率快，通过改变电解液，可实现"瞬间再充电"等。

（8）钒的生理作用

研究发现，钒在生物体内的代谢中也起着重要的作用。钒可以抑制体内胆固醇的合成，特别是内胆固醇的合成并可加速其分解；另外，实验研究还表明钒的存在会加速胱氨酸和半胱氨酸的分解；钒能促进骨和牙齿中无机间质的沉积，增强有机物与无机物之间的黏合性；钒通过抑制肝、肌肉和脂肪组织几个关键的代谢酶系统来提高进入这些组织细胞中的葡萄糖的利用率，也抑制了与胰岛素作用相反的激素的活性，从而对治疗糖尿病有一定作用。

（9）钒在光敏材料及荧光材料中的应用

研究表明二氧化钒具有热致相变的性质，在 68℃附近存在一个低温半导体相到高温金属相的相变段，其热滞宽度约为 10～15℃，其间电阻率可以有近三个数量级的变化，同时磁化率、光学折射率、透射率及反射率等物理性质均发生突变，红外光的透过率可发生近 60%～70%的变化。因此，二氧化钒可应用于建筑物的太阳能温控装置，作为光、电开关材料，光、色开关材料，热敏电阻材料，可擦除光存储材料，还可应用于激光致盲武器防护装置等众多领域。

# 第2章

# 钒的湿法冶炼工艺

目前金属钒主要是通过还原五氧化二钒得到。五氧化二钒的生产主要有以下几种方式：一是含钒矿渣（钒钛磁铁矿渣和转炉钒渣）作为原料生产五氧化二钒，它的品位一般在2%～4%之间；二是用石煤作为原料，它的品位一般在0.3%～1.0%之间；三是以含钒催化剂作原料，它的品位一般在8%左右；四是用石油、沥青等作为原料，其含钒品位一般在0.02%～0.06%和0.08%～0.8%之间；五是钒的伴生矿物。根据含钒原料的种类、性质以及品位的差异，提钒工艺分为几大类。

## 2.1 钠化焙烧提钒

由于转炉钒渣中钒一般以尖晶石的形式赋存（图2.1），难以直接溶出。因此，在转炉钒渣进行浸出之前，需要进行一系列的预处理。最传统的处理工艺是可以追溯到1912年的钠化焙烧工艺。首先将各种形式的钠盐（碳酸钠、硫酸钠或氯化钠）与转炉钒渣按照一定比例进行混合，然后在马弗炉中高温焙烧。在高温焙烧过程中，钒尖晶石发生分解，其中的低价钒在氧气的氧化作用下与钠盐反应生成水溶性的正钒酸钠或偏钒酸钠，相关反应方程式如下所示：

$$4NaCl + O_2 \longrightarrow 2Na_2O + 2Cl_2 \uparrow \qquad (2.1)$$

$$2V_2O_3 + O_2 \longrightarrow 2V_2O_4 \qquad (2.2)$$

$$3Cl_2 + 3V_2O_4 \longrightarrow 2VOCl_3 + 2V_2O_5 \qquad (2.3)$$

$$4VOCl_3 + 3O_2 \longrightarrow 2V_2O_5 + 6Cl_2 \qquad (2.4)$$

$$xNa_2O + yV_2O_5 \longrightarrow xNa_2O \cdot yV_2O_5 \qquad (2.5)$$

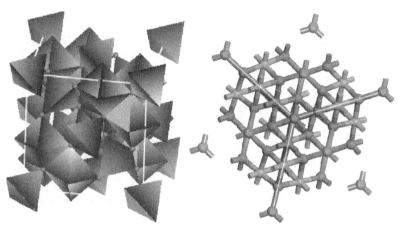

图 2.1 FeV$_2$O$_4$ 结构

在反应过程中，因为钠盐与转炉钒渣的比例不一样，生成的产物会有些许区别。经过高温焙烧后的熟料中大部分钒已被氧化为五价钒的钠盐，易溶于水。将焙烧后的熟料经过冷却后球磨磨细（一般在 200 目左右），然后采用水浸或酸浸的形式将钒酸钠溶出，得到钒浸出液。通过一系列的除杂净化工艺除去浸出液中可溶的 $Fe^{2+}$、$Fe^{3+}$、$Al^{3+}$ 等离子后，采用铵盐沉钒的形式得到偏钒酸铵或者多钒酸铵沉淀，再经高温煅烧得到五氧化二钒粗品。最后经碱溶、除杂并用铵盐二次沉钒得偏钒酸铵沉淀，最后经煅烧可得到高纯度的五氧化二钒产品。

姜涛等利用碳酸钠焙烧-硫酸铵浸出工艺对钒铬渣的湿法浸出过程进行了研究，结果表明在适宜的条件下，大部分的钒和铬都可以被有效浸出，其浸出率分别高达 94.6% 和 96.5%；王学文等将氯化钠与石煤混合后焙烧并结合纳滤膜提钒，实验结果表明在合适的操作条件下，钒截留率高达92%，且浸出液浓缩后钒的浓度高达 35g/L 以上；李鸿义等采用钠化焙烧工艺处理钒铬渣时，在 800℃ 钠化焙烧后在常温下用水浸出，钒的浸出率高达 87.9%，铬的浸出率仅为 6.3%，可以较好地实现钒的选择性高效浸出；吴恩辉等通过对钒铬渣氧化钠化过程的反应 Gibbs 自由能进行计算，提出分步氧化焙烧分离提取钒铬的方法。当反应温度为 830℃，焙烧时间 2.5h，碳酸钠添加量比为 1.3 时，钒和铬的转浸率分别为 88.6% 和 1.28%。

钠化焙烧-水浸（酸浸）提钒工艺相对成熟，操作简单，早期投入小，因对钒选择性强、回收率较高，一直是我国从原矿中提钒的主要方法。但缺点是在焙烧过程中产生了大量的 $Cl_2$、$HCl$ 及 $SO_2$ 等有毒性气体，会造成严重的环境污染。

## 2.2 无盐焙烧提钒

为解决钠化焙烧带来的环境污染问题，自1991年来，一些企业尝试在焙烧时通过减少钠盐的添加量，甚至不加钠盐，以做到清洁生产的目的。无盐焙烧法的提钒原理是利用空气中的氧气在高温下将钒原料中的低价钒直接氧化成五价钒，再采用硫酸进行浸出。然后再用铵盐沉钒的方式得到偏钒酸铵或多钒酸铵固体，经高温焙烧后得到五氧化二钒粉末。

杜浩等利用无盐焙烧-氨浸提钒工艺研究了钒铬渣的湿法浸出过程。由于在焙烧过程中未添加钠盐，钒铬渣中的铬无法转化成对环境危害很大的铬酸盐，减少了能耗的同时也减少对环境的危害。其中钒直接以 $NH_4VO_3$ 的形式浸出后在常温下结晶析出，当用草酸铵作氨浸剂时钒的浸出率可达 90%。付自碧等利用无盐焙烧-酸浸工艺从石煤中提钒，结果表明无盐焙烧-酸浸提钒工艺在技术上可行，焙烧温度保持在 900~950℃ 左右，钒的转浸率可以达到 77.51%~80.33%。薛向欣等对比了微波空白焙烧过程与传统的空白焙烧过程中高铬钒渣的氧化行为、微观结构和表面形貌，结果表明在焙烧温度为 400℃ 时，传统的尖晶石结构会氧化成对称的尖晶石结构，并在 600℃ 时发生裂解破碎。李兰杰等针对钒渣提钒工艺中存在焙烧温度高、炉窑结圈、钒转浸率低等问题，开展了钒渣空白焙烧工艺的研究。经过空白焙烧-水热碱浸实验研究，证实了钒渣空白焙烧技术的可行性。研究发现钒尖晶石在焙烧温度达到 600℃ 以上时可完全分解，并转化为钒的五价化合物；继续升高温度，钒渣中的其他物相也会慢慢氧化分解，在 750℃ 以上的温度焙烧后，钒的氧化转化率在 95% 以上。

无盐焙烧工艺虽然具有环境污染小、成本低等特点，但是由于在焙烧时缺少足够的氧化性气氛，需要足够高的焙烧温度，需要使用沸腾炉或者砖窑焙烧，热能利用率相对较低。

## 2.3 复合添加剂焙烧提钒

针对单一钠盐添加剂或无盐空白焙烧过程中钒氧化转化率较低的特点，

研究者们提出了复合添加剂焙烧的新工艺。在提钒的过程中，加入多种焙烧添加剂进行提钒，具有降低添加剂用量、降低反应温度和缩短反应时间等优点。例如在钠化焙烧工艺中，可以采用低共熔点的盐对，如 $NaCl-Na_2CO_3$、$NaCl-Na_2SO_4$、$NaCl-Na_2SO_4-Na_2CO_3$ 等，可以实现降低焙烧温度，提高钒转化率的目的。王金超对攀钢钒渣的物理化学性质进行了分析，研究了钒渣焙烧、浸出过程中工艺参数对钒回收率的影响规律，并对相关工艺参数进行了优化，实验结果表明碳酸钠和氯化钠作混合添加剂，在 800℃ 高温焙烧 1h，可使钒的焙烧转化率≥90%，浸出率保持在 98%～99%，尾渣含钒 0.8% 左右。

复合添加剂的选择，需要考虑钒渣自身的特性、对环境的影响以及原料的来源等各方面的因素。

## 2.4 钙化焙烧提钒

针对钠化焙烧会产生污染性气体的问题，研究者采用钙盐替代钠盐进行焙烧。钙化焙烧的基本原理是，将钒渣与石灰、石灰石或其他含钙化合物均匀混合，在有氧气氛下进行高温焙烧，使得钒渣中低价的钒化合物被氧化成高价的钒酸钙或者焦钒酸钙，在此过程中不会产生污染性气体。在焙烧过程中，随着钙用量的多少，会生成不同形式的钙盐。整个焙烧过程可以分为四步：

(1) 300℃ 时 FeO 的氧化

$$2FeO + \frac{1}{2}O_2 \longrightarrow Fe_2O_3 \tag{2.6}$$

(2) 400～500℃ 时复合化合物的分解

$$Fe_2O_3 \cdot SiO_2 \longrightarrow Fe_2O_3 + SiO_2 \tag{2.7}$$

(3) 随着温度升高，各种尖晶石结构的氧化分解

$$2Fe_2VO_4 + 2FeO + O_2 \longrightarrow 3Fe_2O_3 \cdot V_2O_3 \tag{2.8}$$

$$2Fe_2O_3 \cdot V_2O_3 + O_2 \longrightarrow 2Fe_2O_3 \cdot V_2O_4 \tag{2.9}$$

$$2Fe_2O_3 \cdot V_2O_4 + O_2 \longrightarrow 2Fe_2O_3 \cdot V_2O_5 \tag{2.10}$$

$$Fe_2O_3 \cdot V_2O_5 \longrightarrow Fe_2O_3 + V_2O_5 \tag{2.11}$$

(4) 钒酸钙的形成

$$Fe_2O_3 + V_2O_5 \longrightarrow 2FeVO_4 \tag{2.12}$$

$$2FeVO_4 + CaO \longrightarrow CaV_2O_6 + Fe_2O_3 \tag{2.13}$$

$$VO_2 + CaO \longrightarrow CaVO_3 \quad (2.14)$$

$$V_2O_5 + 3CaO \longrightarrow Ca_3V_2O_8 \quad (2.15)$$

$$3VO_2 + CaO \longrightarrow CaV_3O_7 \quad (2.16)$$

其中钒酸钙的种类与焙烧温度和钙盐的用量有关。

钒渣钙化焙烧料经碳酸钠、碳酸氢钠或者碳酸铵进行浸出,然后经过除杂净化得到纯净的钒浸出液,采用铵盐沉钒的方式得到偏钒酸铵或多聚钒酸铵,经高温煅烧得到五氧化二钒粉末。

另外,钙化焙烧钒渣还可以采用硫酸为浸出剂进行浸出,在浸出过程中发生的反应如下:

$$Ca(VO_3)_2 + 2H_2SO_4 \longrightarrow CaSO_4 + (VO_2)_2SO_4 + 2H_2O \quad (2.17)$$

$$2Fe(VO_3)_3 + 6H_2SO_4 \longrightarrow Fe_2(SO_4)_3 + 3(VO_2)_2SO_4 + 6H_2O \quad (2.18)$$

尹丹凤等对攀钢钙化钒渣钙化焙烧过程中的影响因素及其传热过程进行了研究,实验结果表明在焙烧过程中焙烧温度对物相的变化影响很大,当焙烧温度在900℃时可以得到较高的钒浸出率;另外控制焙烧时的钙钒比为0.62,易生成溶解度较大的焦钒酸钙,钒的浸出率高达93.18%。陶长元等采用硼钙石作为添加剂来改善转炉钒渣钙化焙烧性能。实验结果表明硼钙石可以有效破坏转炉钒渣中钒尖晶石相外层的硅酸盐,强化转炉钒渣钙化焙烧物相转化,可将焙烧温度由900℃降低到850℃。范坤等针对传统转炉钒渣钠化提钒的不足,对转炉钒渣采用钙化焙烧-酸浸工艺进行了研究。实验研究了不同钙化剂($CaSO_4$、$CaCO_3$、$CaO$)的焙烧机理以及对提钒效果的影响。结果表明钒的浸出率随着温度的升高先增加后减少,在1177℃时达到最大值。另外,当使用$CaSO_4$作为钙化剂进行焙烧提钒时,钒的浸出率最高,可以达到93.53%。

钙化焙烧提钒的优点是废气中不含$HCl$、$Cl_2$等有害气体,焙烧后的浸出渣不含钠盐,富含钙盐,可在建筑行业中得到综合利用。缺点是该工艺对焙烧物有一定的选择性,对一般矿石存在转化率偏低、成本偏高等问题。

## 2.5 亚熔盐氧化法提钒

中国科学院过程工程研究所根据亚熔盐非常规介质的优异物理化学特性,提出了亚熔盐介质强化钒铬渣高效提取与分离的新理论和新方法。该技术以高浓度的NaOH和KOH溶液为反应介质,在富氧条件下对钒铬渣进行分解氧化,实现低价钒铬矿物的氧化,钒和铬的回收率大幅度提升。

亚熔盐技术与传统的焙烧技术相比具有如下优点：

（1）钒资源利用率大幅度提升

亚熔盐介质具有良好的流动性以及可以提供高反应活性的 $O^{2-}$，可以将钒渣有效分解，并将低价钒充分氧化成可溶性的高价钒化合物，使得钒的单次转化率在 95% 以上。

（2）实现钒和铬同步提取

在亚熔盐提钒过程中，铬尖晶石也会被氧化分解，铬的转化率可以提高到 80% 以上。通过钒铬在反应介质中的溶解度规律，可有效实现钒铬的分离和后续资源化利用。

（3）尾渣的综合利用

传统的钠化提钒尾渣中因含有 3%～5% 的铬、25%～35% 的铁以及 20% 左右的二氧化硅而无法有效利用，主要以堆存为主。而亚熔盐氧化技术则将钒渣中大部分资源有效提取，尾渣经洗涤处理后可用作炼铁的原料，实现资源化利用。

（4）反应介质内循环，减少原材料消耗

传统钒渣钠化焙烧过程中，钒被提取后会产生大量的废水，反应介质基本不能循环，亚熔盐则可以实现碱性介质的内循环，理论上可不消耗钒渣、空气以外的其他原料。

## 2.6 溶剂萃取法提钒

采用溶剂萃取剂可以有效地将钒萃取到有机相，最后经反萃而得到含钒溶液，同时可以实现低钒溶液中钒的富集。目前在工业上应用的钒萃取剂主要有含氧酯类化合物、中性膦酸酯类化合物、酸性含磷化合物以及中性胺类化合物等。代表性的萃取钒的反应为：

对四价钒：$n\mathrm{VO}^{2+} + m[\mathrm{HA}]_2 \longrightarrow (\mathrm{VO})_2 \mathrm{A}_{2n}[\mathrm{HA}]_{2(m-n)} + 2n\mathrm{H}^+$

(2.19)

对五价钒：$[\mathrm{HV}_{10}\mathrm{O}_{28}]^{5-} + 5[\mathrm{R}_3\mathrm{N}] + 5\mathrm{H}^+ \longrightarrow (\mathrm{R}_3\mathrm{NH})_5[\mathrm{HV}_{10}\mathrm{O}_{28}]$

(2.20)

式中，[HA] 代表 D2EHPA。

当使用胺类萃取剂时，可使用伯胺、叔胺、季铵类萃取剂；当使用阴离子型胺类萃取剂时，只能萃取阴离子型的钒酸根，需先将钒转化为五价的钒离子，如 $\mathrm{HV}_{10}\mathrm{O}_{28}^{5-}$、$\mathrm{VO}_3^-$、$\mathrm{V}_4\mathrm{O}_{12}^{4-}$ 等。

刘彦华等用伯胺 N1923 为萃取剂，碳酸铵溶液为反萃剂对钒渣浸出液进行处理，实验发现钒溶液在 N1923 萃取体系中经过 4min 的单级萃取，钒的萃取率高达 95%，在碳酸铵溶液中经 10min 的反萃，反萃率达到 99% 以上，可以实现钒的高效萃取分离。张一敏等用三烷基胺（N-235）对石煤酸浸液进行处理，研究发现在 pH 1.2～1.6 之间使用 20% N-235 和磷酸三丁酯进行萃取，经过三级萃取，钒的萃取率高达 98%。然后采用 1mol/L 的 NaOH 进行反萃，钒反萃率高达 99%。有机相经过 1.0mol/L 的硫酸处理后可以重生，实现有机萃取剂的多级循环利用。齐涛等采用溶剂萃取法提取低品位钒钛磁铁矿中的钒。萃取剂为 D2EHPA、磷酸三丁酯和煤油的混合物，在最优实验条件下（反应温度 30～40℃，有机相/无机相为 1∶3，D2EHPA 含量为 20%，溶液初始 pH 值为 0.8）经过三级逆流萃取，钒的萃取率高达 99.4%，然后再用硫酸进行反萃（硫酸浓度为 20%，有机相/无机相为 5∶1，反应时间为 20min，反应温度为 40℃），钒的反萃率高达 99.6%，得到的含钒溶液中钒的浓度高达 40.16g/L $V_2O_5$。整个工艺流程中钒的总收率为 85.5%。

溶剂萃取法的优点在于钒的回收率高，萃取剂可回收利用，生产成本低，产品纯度可达 99.5%。缺点是工艺路线、萃取条件苛刻和操作不稳定。

## 2.7 离子交换法提钒

离子交换作为现代科学技术，已有百余年的发展史。离子交换树脂是一种人工合成的高分子固体聚合物，一般由三部分组成：高分子化合物、交联剂和功能团。高分子化合物是交换树脂的主体，通常为聚苯乙烯或聚丙烯酸酯；交联剂的作用是把线状高分子链交联起来，使之具有立体网状结构，以形成树脂的骨架，并形成孔隙，以允许离子自由通过；功能团就是固定在高分子上的活性基团，在电解质溶液中可以电离交换出离子与溶液中的某阳离子进行交换而被吸附。其中功能团的种类、含量和酸碱性决定了树脂的性质和交换容量。

采用离子交换法处理含钒溶液时，钒一般以钒阴离子形式存在，一般使用阴离子交换树脂进行吸附处理。常用的树脂有 Amberlite、IRA-400、IRA-401 等。其交换反应如下：

$$V_4O_{12}^{4-} + [RCl_4] \longrightarrow [R-V_4O_{12}] + 4Cl^- \tag{2.21}$$

式中 R 为树脂。上述反应为可逆反应，当溶液中的 pH 值和 $Cl^-$ 浓度发生变化时，上述反应会向左或向右发生，可以实现钒离子的吸附和解吸。

樊烨烨等采用弱碱性阴离子交换树脂 D314 对含钒铬溶液进行实验研究，发现钒需要与树脂接触14h以上才能达到吸附平衡。采用强碱性阴离子树脂 D231 后，钒也需要接触15h以上才能达到吸附平衡。将吸附钒离子之后的离子交换柱经 NaOH 溶液解吸，得到含钒溶液，再经铵盐沉钒、煅烧后可得到 99.8% 的五氧化二钒产品。曾理等用离子交换法对石煤酸浸液进行了提钒研究，实验发现在 pH=4，吸附时间为 60min 时，树脂对钒的吸附容量超过 260mg/mL，且钒的回收率大于 99%。然后再利用 3mol/L 的 NaOH 溶液进行解吸，得到的溶液中钒的浓度最高可达 150g/L 以上。工业扩大化实验表明采用特种离子交换树脂进行石煤提钒新工艺不但可缩短工艺流程，而且可大大提高金属回收率。万洪强等研究了不同树脂对钒的吸附能力，并分析了低酸条件下钒的赋存形态。实验研究表明 D301 树脂对钒具有较强的吸附能力，在 pH<2.5，钒存在着阴阳离子的平衡。D301 树脂吸附钒离子的过程为吸热过程，其吸附等温线同时满足 Langmuir 吸附等温线方程和 Freundlich 吸附等温线方程。

离子交换法具有工艺流程简单、原材料消耗少、污染环境小等优点，但是由于离子交换树脂的选择性较高，操作条件比较苛刻，难以扩大化工业应用。

# 第 3 章

# 浸出动力学模型

## 3.1 引言

由于反应温度较低，在湿法冶金过程中，反应介质中粒子的扩散速率和反应速率都比较慢，很难达到平衡状态。而在实际工业生产过程中，反应的最终结果往往不是决定于热力学条件，而是决定于动力学条件，即反应的速度。为了弄清影响浸出速度的因素和浸出过程的控制步骤，为强化浸出过程、提高浸出率指明方向，需要对矿物浸出过程中的动力学行为进行研究。在研究矿物的浸出动力学行为时，最方便的方式是用数学方程去进行描述，比较典型的是收缩粒子模型和收缩核心模型。

### 3.1.1 收缩粒子模型

在推导收缩粒子模型时假定反应粒子为球体，但最终得到的方程适用于任意形状的等体积粒子。收缩粒子模型方程推导过程如下：

设未反应粒子的物质的量 $n$ 为：

$$n = 4\pi r^3/(3V) \tag{3.1}$$

式中，$V$ 为摩尔体积。

假设反应过程中球形粒子的半径为 $r$，则粒子表面的反应速率为：

$$-dn/dt = 4\pi r^2 ck' \tag{3.2}$$

式中，$k'$ 为在溶液中浓度为 $c$ 的反应物的一级反应速率常数。

将式(3.1)对时间微分并代入式(3.2)中得到粒子的线性速率为：
$$-dr/dt = Vck' \tag{3.3}$$

如果反应粒子的初始半径为 $r_0$，$\alpha$ 为反应分数，则：
$$\alpha = 1 - (r^3/r_0^3) \tag{3.4}$$

将式(3.4)对时间微分得：
$$-d\alpha/dt = -3(r^2/r_0^3)(dr/dt) \tag{3.5}$$

将式(3.3)、式(3.4)和式(3.5)进行合并，得：
$$\frac{d\alpha}{dt} = \frac{3ck_1}{r_0}(1-\alpha)^{2/3} \tag{3.6}$$

对于初始条件 $t=0$ 时，$\alpha=0$，可以假定 $c$ 恒定，对式(3.6)积分得：
$$1-(1-\alpha)^{1/3} = kt \tag{3.7}$$

式中，$k = ck_1/r_0$（时间$^{-1}$）。

上述模型是根据单个颗粒推导的，如果矿浆中所有矿粒都具有相同的初始直径，则许多矿粒的反应组合速率也会服从这个方程。而用于具有一定粒度分布的矿浆时，必须知道每一种粒度分布的质量分数 $w_i$。假定质量分数为 $w_i$ 的初始平均矿粒半径为 $r_{i0}$，式(3.7)变为：
$$1-(1-\alpha_i)^{1/3} = (ck_1/r_{i0})t \tag{3.8}$$

式中，$\alpha_i$ 是质量分数为 $w_i$ 的已反应分数。反应固体的总量为 $\alpha = \sum_i w_i \alpha_i$。

若在反应过程中，物质的浓度发生变化，则在积分基本速率表达式中必须考虑浓度的变化。对于表面控制反应，或对于通过极限边界薄膜的扩散，在式(3.8)中必须考虑反应物的浓度，则式(3.8)变为：
$$\frac{d\alpha}{dt} = \frac{3k_1}{r_0}(1-\alpha)^{2/3}c_0(1-\sigma b\alpha) \tag{3.9}$$

式中，$c_0$ 为起始浓度；$\sigma$ 为化学计量系数；$b = n_0/(V_0 c_0)$，$n_0$ 为体系中矿物的总物质的量。

在 $\sigma b = 1$ 的特定情况下，积分得到：
$$1-(1-\alpha)^{2/3} = -2k_1/(r_0 c_0 t) \tag{3.10}$$

## 3.1.2 收缩核心模型

在金属矿物的浸出过程中，大多时候都只有一种金属溶出，会在未反应的矿粒周围形成一层多孔的固体产物。假设反应过程中粒子半径始终保持为 $r_0$，半径为 $r$ 的收缩核心继续反应，其速率由反应物通过产物层向未

反应界面扩散的速率决定。如果反应粒子为球形,则反应速率可写成:

$$-\frac{\mathrm{d}n}{\mathrm{d}t}=\frac{4\pi r^2}{\sigma}D\frac{\mathrm{d}c}{\mathrm{d}r} \quad (3.11)$$

式中　$n$——核心未反应矿物的物质的量;
　　　$\sigma$——计量因子,从核心中浸出1mol金属所需要的扩散物质的物质的量;
　　　$c$——收缩核心界面上反应物的浓度;
　　　$D$——产物层内的有效扩散系数。

在稳态条件下从 $r$ 至 $r_0$ 积分,当界面上反应物的浓度 $c$ 比体相浓度 $c_0$ 小得多时,得:

$$-\frac{\mathrm{d}n}{\mathrm{d}t}=\frac{4\pi D r r_0}{\sigma(r_0-r)} \quad (3.12)$$

合并式(3.11)和式(3.12)得到未反应核的半径 $r$ 表示的核心与反应产物边界移动速率方程:

$$-\frac{\mathrm{d}r}{\mathrm{d}t}=\frac{VDCr_0}{\sigma r(r_0-r)} \quad (3.13)$$

合并式(3.11)、式(3.12)和式(3.13),得到已反应的分数 $\alpha$ 表示的反应速率方程为:

$$-\frac{\mathrm{d}\alpha}{\mathrm{d}t}=\frac{3VDc}{\sigma r(r_0-r)}\times\frac{(1-\alpha)^{1/3}}{1-(1-\alpha)^{1/3}} \quad (3.14)$$

取边界条件 $t=0$ 时 $\alpha=0$,对式(3.14)进行积分得:

$$1-\frac{2}{3}\alpha-(1-\alpha)^{2/3}=\frac{2VDct}{\sigma r_0^2} \quad (3.15)$$

同样,当需要考虑反应物浓度变化时,式(3.13)变为:

$$-\frac{\mathrm{d}\alpha}{\mathrm{d}t}=\frac{2VDc_0}{\sigma r_0^2}\times\frac{(1-\alpha)^{1/3}(1-\sigma b\alpha)}{1-(1-\alpha)^{1/3}} \quad (3.16)$$

在 $\sigma b=1$ 的特定情况下,积分得到:

$$\frac{1}{3}\ln(1-\alpha)-[1-(1-\alpha)^{-1/3}]=\frac{VDc_0}{\sigma r_0}t \quad (3.17)$$

在 $\sigma b\neq 1$ 时的一般情况下,式(3.9)和式(3.16)需要用数值方法进行求解。

## 3.2　动力学模型的构建

在对钒铬滤饼湿法浸出过程的动力学行为进行研究时,会将收缩核心模型和收缩粒子模型都考虑进去，并对模型进行简化，认为在浸出过程中的速率控制步骤有三种情况，一是反应物穿过极限边界层的扩散（外扩散），二是浸出剂穿过固体产物层的扩散（内扩散），三是表面化学反应。假设钒铬滤饼颗粒为球形，当浸出过程受表面化学反应控制时，可用式（3.18）来描述浸出动力学行为：

$$1-(1-x)^{1/3}=k_r t \qquad (3.18)$$

当浸出剂穿过极限边界层的扩散是速率控制步骤时（液膜扩散），用式（3.19）来描述浸出动力学行为：

$$x=kt \qquad (3.19)$$

当浸出剂穿过固体产物层的扩散是速率控制步骤时（固膜扩散），用式（3.20）来描述浸出动力学行为：

$$1-2/3x-(1-x)^{2/3}=k_d t \qquad (3.20)$$

式（3.18）和式（3.20）中：

$$k_r=\frac{k_c M_B c_A}{\rho_B \sigma r_0}, k_d=\frac{2 M_B D c_A}{\rho_B \sigma r_0^2}$$

式中 $t$——浸出时间，min；

$k_c$——动力学常数，cm/min；

$M_B$——固体反应物的摩尔质量，g/mol；

$c_A$——浸出剂浓度，mol/m³；

$\rho_B$——固体颗粒密度，kg/m³；

$\sigma$——化学计量常数，无量纲；

$r_0$——固体颗粒初始半径，cm；

$D$——扩散系数，cm²/s；

$x$——浸出率。

根据式（3.18）、式（3.19）和式（3.20）的拟合结果确定浸出动力学模型，然后根据式（3.21）所示的阿仑尼乌斯公式可以计算出浸出过程中的反应活化能。

$$\ln k=\ln A-E_a/(RT) \qquad (3.21)$$

式中 $E_a$——反应活化能，kJ/mol；

$A$——指前因子；

$R$——摩尔气体常数，kJ/(mol·K)；

$T$——热力学温度，K；

$k$——反应速率常数，min⁻¹。

# 第4章

# 研究方法

## 4.1 分析测试方法

### 4.1.1 钒的分析测试方法

根据分析测试原理的不同,钒浓度的分析测试方法主要分为分光光度法和化学滴定法。分光光度法主要包括:钽试剂(BPHA)萃取分光光度法、苯甲酰基苯胺光度法和PAR(peak average rectified)光度法,而滴定法则主要是高锰酸钾-硫酸亚铁铵氧化还原滴定法。本书主要采用高锰酸钾-硫酸亚铁铵氧化还原滴定法。

(1) 试剂的配制

试剂的配制方法和浓度要求详见表4.1。

表 4.1 试剂配制

| 试剂 | 配制方法 |
|---|---|
| 硫酸 | — |
| 磷酸 | — |
| 盐酸(1+3) | 10mL HCl+30mL $H_2O$ |
| 硫酸(5+95) | 50mL $H_2SO_4$+950mL $H_2O$ |
| 硫酸(1+4) | 10mL $H_2SO_4$+40mL $H_2O$ |

续表

| 试剂 | 配制方法 |
| --- | --- |
| 硫磷混酸 | 150mL $H_2SO_4$ + 150mL $H_3PO_4$ + 700mL $H_2O$ |
| $KMnO_4$溶液(1%) | 称取1g $KMnO_4$，配成100mL溶液 |
| 六亚甲基四胺(1%) | 称取1g 六亚甲基四胺固体，配成100mL溶液 |
| N-苯基邻氨基苯甲酸(0.2%) | 称取0.2g N-苯基邻氨基苯甲酸+0.2g $Na_2CO_3$固体在加热条件下溶解在水中，配成100mL溶液 |
| 硫酸亚铁铵溶液 ($c_1$=0.003mol/L) | 准确称取1.2g硫酸亚铁铵固体，用(5+95)$H_2SO_4$溶解，并定容至1000mL (使用前标定) |
| 硫酸亚铁铵溶液 ($c_2$=0.01mol/L) | 准确称取4.0g硫酸亚铁铵固体，用(5+95)$H_2SO_4$溶解，并定容至1000mL (使用前标定) |
| 硫酸亚铁铵溶液 ($c_2$=0.03mol/L) | 准确称取12.0g硫酸亚铁铵固体，用(5+95)$H_2SO_4$溶解，并定容至1000mL(使用前标定) |
| 过硫酸铵(30%) | 准确称取300.0g过硫酸铵固体，用蒸馏水溶解，并定容至1000mL |
| 重铬酸钾 [$c(1/6K_2Cr_2O_7)$=0.04mol/L] | 准确称取1.9615g基准重铬酸钾(预先在150℃干燥箱中干燥2h，并在干燥器内冷却至室温)置于250mL烧杯中，加入适量水溶解，再转移至1000mL容量瓶中，用水稀释至刻度，摇匀 |

(2) 硫酸亚铁铵标准溶液滴定度的测定

取25.00mL 0.004mol/L重铬酸钾标液于250mL锥形瓶中，分别加入40mL (1+4)$H_2SO_4$和5mL $H_3PO_4$，用$(NH_4)_2Fe(SO_4)_2$标准溶液滴定至橙色消失，加2滴 N-苯基邻氨基苯甲酸，混匀后继续滴定至亮绿色，记录滴定管内液体消耗体积$V_1$。

取10.00mL 重铬酸钾标准溶液置于250mL锥形瓶中，然后慢慢加入40mL (1+4)$H_2SO_4$和5mL $H_3PO_4$，加入少量蒸馏水并摇晃使之混合均匀。用$(NH_4)_2Fe(SO_4)_2$标准溶液滴定至锥形瓶中橙色变淡或消失，然后滴加2滴 N-苯基邻氨基苯甲酸指示剂，摇晃混匀，并用少量蒸馏水洗涤锥形瓶壁。继续滴定至锥形瓶中溶液呈亮绿色，记录此时酸式滴定管中硫酸亚铁铵消耗的体积$V_2$；继续量取10.00mL重铬酸钾标准溶液加入锥形瓶中，按照上述滴定方式滴定至锥形瓶中溶液呈亮绿色，记录酸式滴定管内硫酸亚铁铵溶液消耗的体积$V_3$；然后根据式(4.1)计算硫酸亚铁铵溶液滴定钒浓度的滴定度公式：

$$\rho_V = \frac{0.004 \times 25.00 \times 50.94 \times 10^{-3}}{V_1 - (V_2 - V_3)}(g/L) \quad (4.1)$$

(3) 高锰酸钾氧化-硫酸亚铁铵滴定法测定钒的原理

在室温条件下，将试样用硫磷混酸分解后，加入 0.03mol/L

$(NH_4)_2Fe(SO_4)_2$ 溶液，将钒、铬及可能存在的氧化性物质全部都还原为低价态，再利用 $KMnO_4$ 溶液将低价钒氧化成五价钒，再用六亚甲基四胺溶液反应掉多余的高锰酸钾，最后用 N-苯基邻氨基苯甲酸作为指示剂，用 $(NH_4)_2Fe(SO_4)_2$ 标准液对溶液中的钒进行滴定，直至锥形瓶中的颜色由紫红色变为亮黄色或浅绿色后即为终点，主要反应离子方程式如下：

$$5VO^{2+} + MnO_4^- + H_2O \longrightarrow 5VO_2^+ + Mn^{2+} + 2H^+ \quad (4.2)$$

$$Fe^{2+} + VO_2^+ + 2H^+ \longrightarrow Fe^{3+} + VO^{2+} + H_2O \quad (4.3)$$

（4）溶液中钒的测定方法

浸出液中铬的浓度较高，需先稀释后再进行滴定。取 $V_4$ mL 稀释后的钒浸出液于锥形瓶中，分别加入 35mL 蒸馏水和 15mL 硫磷混合酸，再加入 3mL 0.03mol/L $(NH_4)_2Fe(SO_4)_2$ 溶液，混合均匀后再滴加 1% $KMnO_4$ 溶液使溶液被氧化至呈稳定的微红色，静放半分钟，再加入 2mL 六亚甲基四胺溶液，充分摇动至紫红色消失，滴加 3 滴钒指示剂，加入 6mL 磷酸后充分混匀，马上用 $(NH_4)_2Fe(SO_4)_2$ 标准溶液滴定，当锥形瓶中溶液颜色由玫瑰红色变为黄绿色时即为滴定终点，记录消耗的 $(NH_4)_2Fe(SO_4)_2$ 标准溶液体积 $V_5$。

浸出液中钒的浓度：

$$c_V = \frac{\rho_V V_5}{V_4} \times 稀释倍数 (g/L) \quad (4.4)$$

浸出率：

$$\eta_V = \frac{c_V \times 浸出液总体积}{钒铬滤饼中钒的质量} \times 100\% \quad (4.5)$$

## 4.1.2 铬的分析测试方法

铬的分析测试方法主要有等离子发射光谱法（ICP 法）、$Na_2O_2$ 比色法、二苯碳酰二肼分光光度法、EDTA 二钠比色法以及过硫酸铵-硫酸亚铁铵氧化还原滴定法。本实验主要采用过硫酸铵-硫酸亚铁铵氧化还原滴定法分析测试钒铬滤饼和反应浸出液中的铬含量。

（1）硫酸亚铁铵标准溶液滴定度的标定

标定方法与 4.1.1 中所示方法相同，待到达滴定终点后根据下式计算硫酸亚铁铵溶液滴定铬的滴定度：

$$\rho_{Cr} = \frac{0.004 \times 25.00 \times 51.99 \times 10^{-3}}{V_1 - (V_2 - V_3)} (g/L) \quad (4.6)$$

(2) 过硫酸铵氧化-硫酸亚铁铵滴定法测定铬的原理

在室温条件下,取少量样品置于 250mL 锥形瓶中,将试样用硫磷混酸分解,若样品中不含 $Mn^{2+}$,可事先加入少量 $Mn^{2+}$。然后以 $AgNO_3$ 溶液为催化剂,过硫酸铵为氧化剂在酸性条件下将 $Cr^{3+}$ 氧化成 $Cr_2O_7^{2-}$。最后用 $(NH_4)_2Fe(SO_4)_2$ 标准液对溶液中的铬酸根进行滴定,直至锥形瓶中的颜色由紫红色变为亮黄色或浅绿色后即为终点,主要反应方程式如下:

$$2Cr^{3+} + 3S_2O_8^{2-} + 7H_2O \longrightarrow 6SO_4^{2-} + Cr_2O_7^{2-} + 14H^+ \quad (4.7)$$

$$6Fe^{2+} + Cr_2O_7^{2-} + 14H^+ \longrightarrow 2Cr^{3+} + 6Fe^{3+} + 7H_2O \quad (4.8)$$

(3) 溶液中铬的测定方法

浸出液中铬的浓度较高,需先稀释后再进行滴定。取 $V_6$ mL 稀释后的浸出液于锥形瓶中,向锥形瓶中加入 5mL $AgNO_3$ 溶液(若溶液中无 $Mn^{2+}$,可先向溶液中加入少量 $Mn^{2+}$),20mL 30% 的过硫酸铵溶液,在加热板上加热。待溶液煮沸至粉红色后,保持 5min,然后向锥形瓶中加入 5mL (1+3) HCl,煮沸 2min,取下冷却至室温。向锥形瓶中滴加 3 滴钒指示剂,加入 6mL 磷酸后充分混匀,马上用 $(NH_4)_2Fe(SO_4)_2$ 标准溶液滴定,当锥形瓶中溶液颜色由玫瑰红色变为黄绿色时即为滴定终点,记录消耗的 $(NH_4)_2Fe(SO_4)_2$ 体积 $V_7$。

浸出液中铬的浓度:

$$c_{Cr} = \frac{\rho_{Cr} V_7}{V_6} \times 稀释倍数 (g/L) \quad (4.9)$$

浸出率:

$$\eta_{Cr} = \frac{c_{Cr} \times 浸出液总体积}{钒铬滤饼中铬的质量} \times 100\% \quad (4.10)$$

## 4.2 材料结构性质表征方法

### 4.2.1 X 射线荧光光谱仪

X 射线荧光光谱仪(X-ray fluorescence),是定量分析元素含量的仪器。样品中的元素在受到 X 射线的照射后激发放射出该元素自身特有的 X 射线,仪器将这些具有特定能量和波长特性的 X 射线信息转化成样品中各元素的种类和含量。实验前,通过 XRF 技术对钒铬滤饼成分进行分析,可以获取钒铬滤饼中元素种类及含量。

## 4.2.2 X射线衍射光谱分析

X射线衍射光谱仪（X-ray diffraction），一种分析样品中物相组成和结构晶型的仪器，其原理是利用晶体形成的X射线衍射，对物质内部原子的排布结构进行分析，可以获取元素的化合物状态、原子结合方式，从而对物质的晶型结构进行分析。在实验中，通过XRD对反应前后钒铬滤饼的晶型结构和物相组成进行分析，可以了解反应过程中的物相转化规律。

## 4.2.3 傅里叶红外光谱分析

红外吸收光谱（IR spectrometer）又称为分子振动光谱，主要应用于分析化学组成和分子结构。主要是根据红外光谱中吸收峰的位置和含量来推断物质的机构，并根据峰的强度来测定样品中组分的含量。在实验过程中，利用红外吸收光谱结合XRD对反应前后的钒铬滤饼进行分析，获取反应过程中物相的变化规律，并探讨反应机理。

## 4.2.4 紫外吸收光谱分析

紫外吸收光谱是利用溶液中的离子对紫外光的吸收而产生的吸收光谱来分析物质的组成、含量和结构。在实验过程中，测定滤液的紫外吸收光谱，可以分析滤液中目标元素的价态和含量，便于分析实验过程中发生的化学反应。

## 4.2.5 扫描电子显微镜

扫描电子显微镜（SEM）是使用一束极细的电子束扫描样品，电子与样品物质之间发生相互作用，从而激发出次级电子。次级电子被激发后通过探测体收集，再通过闪烁器转变成光信号，随之又经光电倍增管与放大器转化为电信号，以此来控制荧光屏上电子束强度，从而显示出立体的、与电子束相同步的扫描图像，在微观上呈现了样品的表面形貌结构。在实验过程中用来观察钒铬滤饼反应前后的微观形貌，分析实验过程中发生的反应，有助于分析反应的实验机理。

# 第5章

# 响应曲面法

## 5.1 响应曲面法

响应曲面法（RSM）是 1951 年由 Box 和 Wilson 两人提出的，该方法是通过一个多项式方程（包括线性方程和二次多项式方程）来精确地描述响应变量与对应过程变量组合间的定量数学关系式，通过构建模型可得到这些过程变量与响应变量间的曲面轮廓，从这些响应面可以初步得到优化过程参数变化的方向。且该优化方法遵循一定的实验次序，如：过程变量选取和它们的水平数、采用合适的实验设计方法构建响应面模型、评估构建模型回归系数的显著性及该模型的有效性。

RSM 对某个反应过程参数优化主要包括如下步骤：①通过文献或前期研究工作确定与响应变量密切相关的过程变量（即自变量）和它们对应的变化区间；②采用合适的实验设计方法设计实验；③按照实验设计表中样本分别平行测定实验；④通过测试实验数据回归响应变量与对应自变量组合间的二次多项式方程；⑤通过方差分析方法（ANOVA）评价构建模型的准确性和模型回归系数的重要性；⑥采用 RSM 法或期望函数搜索优化过程参数变量组合和对应的最大响应变量值，然后在获得优化条件下，平行几次实验，比较模型预测值与实验平均值间的误差，进一步评价构建模型的可靠性和预测能力。

## 5.1.1 过程变量和响应变量选取

对于一个化学反应，首先要选取响应变量（即因变量）作为研究对象，然后通过实验考察哪些过程变量（即自变量）对因变量有重要影响。然而对实际研究体系，不可能考察所有过程变量对因变量的影响，对一个研究体系，选取合适的重要过程变量是很重要的步骤，因为它直接关系到优化模型是否能被准确地构建。由于二水平全因子或部分因子设计是有效和经济的实验设计，故一些研究者采用这种实验设计方法设计实验，通过分析这些测定的实验数据，从计算结果能判断哪些过程变量的主效应及它们间的相互效应对响应变量展示重要影响。从上述分析结果可以获得构建模型的自变量和因变量。

## 5.1.2 选取合适的实验设计

在构建 RSM 模型中，使用最简单的模型是线性函数，它的表达式如下：

$$y = a_0 + \sum_{i=1}^{k} a_i x_i + \varepsilon (i < j) \tag{5.1}$$

式中，$y$ 是联合每个因素水平组合预测响应值；$k$ 是变量个数；$a_0$ 是常数项；$a_i$ 表示线性影响系数；$x_i$ 表示自变量；$\varepsilon$ 是构建模型的残差。

然而，用线性模型拟合化学反应测定实验数据，该模拟并不能表现出任何弯曲效应，但是使用二阶多项式可以评价构建模型的弯曲效应。二水平因子设计可用来估计过程变量的主效应和它们间的相互效应，但它不能评估自变量显著的二阶效应。所以，可以在二水平因子设计中添加中心点样本，用该样本评价构建模型的曲率效应。为了描述过程变量两两间的相互作用，可以在多项式模型中添加附加项，该模型通过下式表示：

$$y = a_0 + \sum_{i=1}^{k} a_i x_i + \sum_{i=1}^{k}\sum_{j=1}^{k} a_{ij} x_i x_j + \varepsilon (i < j) \tag{5.2}$$

式中，$a_{ij}$ 是线性与线性间相互作用影响系数，其他项含义与式(5.1)相同。

为了获得响应变量的临界点（如最大值、最小值或马鞍点），则必须使用二次多项式模型拟合所研究的实验数据，它由下式估算：

$$y = a_0 + \sum_{i=1}^{k} a_i x_i + \sum_{i=1}^{k} a_{ii} x_i^2 + \sum_{i=1}^{k}\sum_{j=1}^{k} a_{ij} x_i x_j + \varepsilon (i < j) \tag{5.3}$$

式中，$a_{ii}$ 表示自变量的二次方回归系数，其他项含义与式(5.2)相同。

为了估算式(5.2)和式(5.3)中的系数，必须通过合适的实验设计方法（如中心组合实验设计，Box-Behnken 实验设计，Plackett-Burman 实验设计，Doehlert 设计，全因子实验设计，部分因子实验设计）来设计实验。上述这些实验设计方法彼此不同之处主要体现在它们选择实验点、自变量选取的水平数和设计得到总样本数等方面。

### 5.1.3 实验数据统计处理

通过实验测定得到实验设计中每个样本的数据后，然后运用适合的数学方程式来描述响应变量值与对应的过程变量组合值之间的数学关系式，即必须求出式(5.1)~式(5.3)中的系数 $a$ 值。式(5.1)~式(5.3)可以通过矩阵统一表示如下：

$$y_{m \times i} = X_{m \times n} a_{n \times i} + e_{m \times i} \tag{5.4}$$

式中，$y$ 是响应变量矩阵；$X$ 表示选取实验设计矩阵；$a$ 是构建模型的系数向量；$e$ 是残差向量；$m$ 和 $n$ 分别表示实验设计矩阵的行和列数。

采用最小二乘算法（MLS）求解式(5.4)。MLS 是运用一系列实验数据拟合一个数学模型，使该模型尽可能产生最小的残差。对式(5.4)进行数学变换，$a$（系数向量）由下式计算：

$$a_{n \times i} = (X^T_{n \times m} X_{m \times n})^{-1} (X^T_{n \times m} y_{m \times i}) \tag{5.5}$$

使用式(5.5)来构建响应面，且该响应面描述自变量在实验范围内对因变量的影响变化规律。而式(5.5)最大优点是估算系数 $a$ 时需要低的计算成本。

对 MLS 分析过程，假设误差呈现零均值和一个共同未知方差的随机分布轮廓，而这些误差是彼此独立的。用这种方式，即根据等式(5.5)中心点有效重复循环来估算向量 $a$ 中每个分量的方差。

$$\hat{V}(a)_{m \times n} = (X^T_{n \times m} X_{m \times n})^{-1} s^2 \tag{5.6}$$

### 5.1.4 验证模型

用某一函数拟合实验数据后，有时发现该拟合模型并不能令人满意地描述整个实验过程变量范围区间，因此必须使用方差分析方法（ANOVA）评价构建模型的可靠性和准确性。而 ANOVA 是一组统计方法和用于判断多变量模型中某些变量显著性的数学函数。方差分析主要目的是识别过程变量重要性和判定哪些自变量对因变量影响是最显著的，同时它也可以确定构建模型是否是统计显著的和估算回归模型预测响应变量的方差。

在方差分析中，通过研究数据集离差来评价它的方差。每个观测值（$y_i$）或它的重复（$y_{ij}$）相对于它们平均值的偏差的估计，或者更精确地说，该偏差的平方通过下式计算：

$$d_i^2 = (y_{ij} - \bar{y})^2 \tag{5.7}$$

总方差平方和等于构建模型中所有自变量各自离差平方和；它可以分解为拟合模型方差平方和及回归模型产生残差平方和。

每部分（总方差平方和，回归模型方差平方和，残差，模型缺失拟合和纯误差）离差都与各自的自由度相关，通过计算可以获得平均离差平方和。

通过 Fisher 分布（F 检验）方法来评价构建模型统计显著性。若 $F$ 值比临界 $F$ 值（通过 F 检验表格查出）更大，表明构建模型能很好地拟合测定的实验数据。此外，也可以通过评价构建模型缺失拟合来判断，如果构建数学模型能精确地模拟对应的实验数据，那么 MSlof 仅反映系统的随机误差。而这些随机误差也可以通过 MSpe 来估计，且 MSpe 假设这两个平均值之间没有统计差异，这正是模型缺失拟合关键意图之处。如果这两个平均值之间存在一些显著性差异，那么可以通过 F 分布来评估回归模型统计显著性。

若计算得到 $F$ 值比临界值更大，那么该模型存在显著的缺失拟合，此时需要进一步改进模型以便能更好地拟合对应的实验数据。相反，若计算得到 $F$ 值比临界值更小，则这个模型可以满意地模拟测定的实验数据。为了能运用模型缺失拟合，那么应该采用拥有重复中心点样本的实验设计方法来设计实验。

总之，若一个拟合模型呈现一个有意义回归和没有模型的缺失拟合或构建模型对实验数据有高的拟合相关系数，则该模型能很好地拟合对应的实验数据。换句话说，总方差平方和的主要部分必须由回归方程来描述，其余部分来自残差（测量随机波动产生的），而不是模型缺失拟合带来误差，这些都直接关系到构建模型的质量。此外，也可以通过残差正态概率图来判定构建模型的准确性，若一个模型能精确地模拟它对应的实验数据，那么它的残差图符合正态分布。然而，当拟合模型产生更大的残差，那么该方法就不能得到准确判定在研究范围内该模型的可靠性。

## 5.1.5 确定优化过程参数变量

通过上述分析可知，若构建模型能准确地拟合对应的实验数据，说明该模型是可靠的和准确的。之后，该模型通过自变量在各自变化范围内，建立响应曲面图或通过期望函数来寻找最大响应变量值和对应的优化过程变量组合。

## 5.2 实验设计

从上面分析可以看出，对某个化学反应的过程参数优化，选取合适的实验设计是关键的步骤。过去一些研究者分别采用几种重要实验设计方法来设计实验，这些最流行的实验设计方法主要包括中心组合实验设计、Box-Behken 设计、Doehlert Matrix 设计、Plackett-Burman 设计和全因子或部分因子实验设计。研究者可以使用不同的商业化软件来获得上述实验设计表格。

### 5.2.1 全因子和部分因子实验设计

全因子和部分因子设计是最受欢迎的一阶设计，因为它们是具有设计简单和相对低成本的实验设计。在初步探索实验或初步优化步骤中，它们是很有用的方法。然而当某个反应涉及到较多影响因素时，部分因子设计会显示较大的优势，因为它只需要较少实验次数就可以初步探讨过程变量对响应变量的影响。对于某一反应涉及到 $K$ 个影响因素，且每个因素有 $L$ 个水平数，用全因子设计实验需要进行 $L^K$ 次实验。而部分因子设计是其中的一个特定子集，执行这个子集可以计算拟合模型的系数。通过筛选因素二水平因子设计，该设计可以考察过程变量的主效应和它们间相互作用对响应变量的影响，但是没有考虑更高次因素的影响。而部分因子设计使实验次数更少。通过考察二水平因子设计是很容易计算的，直接通过电子数据表来执行。

该实验设计用线性模型来确定它们对应的响应曲面，对一个多因子影响条件，响应面由线性模型式(5.2)估算。若拟合模型中交互项可忽略不计，则该响应曲面是平面；若拟合模型中有更多的相互作用项，平坦响应面的扭转程度就更大。

### 5.2.2 Plackett-Burman 实验设计

1946 年，Plackett 和 Burman 提出 Plackett-Burman 实验设计，该设计在测试方法鲁棒性检验方面特别受欢迎，因为每一次运行都要求在各因素的各自水平下测试。对调查一个体系拥有最大影响因素数目为 $4n-1$，且每个因素均有 2 个水平数，采用 Plackett-Burman 实验设计需要设计 $4n$ 次实验。当确定水平后，若"－"表示某个因素基线水平，那么"＋"是基线水平上加一个小的变化，它正是调查鲁棒性研究内容。同时注意到这个微小变化可能是增加或减小。通过实验设计法分析过程变量从水平变化到"＋"水平，过程变量对响应变量的影响。

### 5.2.3 中心组合实验设计

1951年，Box和Wilson建立中心组合实验设计。中心组合实验设计由以下几部分组成：一个全因子或部分因子设计；一个附加设计，经常通过一个轴向设计来表示，即这些轴向点到中心点距离为$a$；至少有一个中心点样本。完整统一的中心组合设计呈现以下特点：

① 需要实验次数根据下式计算：

$$N = 2^f + 2f + n_c \tag{5.8}$$

式中，$f$是自变量个数；$n_c$是中心点重复样本数；$2^f$部分是因子设计部分，因子码值通常用低和高的码值（－1，＋1）表示；$2f$指轴向点或星点。

② 依靠变量个数的$a$值是通过$a=(2f)^{1/4}$式来估算。对自变量数目分别为2、3和4个，它们对应的$a$值分别是1.41、1.68和2.00。

③ 所有因素都有5个水平数（即$-a$，$-1$，$0$，$+1$，$+a$）。

### 5.2.4 Box-Behnken 设计

1960年，Box和Behnken提出一种三水平部分全因子设计替代广泛使用全因子设计。为了精确描述线性、平方项和交互作用项对响应变量的影响，二次多项式模型必须被使用。Box和Behnken提出这种实验设计主要目的是为了减少实验次数，特别对二次拟合模型。而Box-Behnken设计是一种旋转或近似旋转二次设计基于三水平部分因子。这种设计包括三部分，且每部分都由四次不同运行样本构成。在每个部分内，两个因素布置成一个完整的双级设计，而第三个因素设定为零。

与中心组合实验设计相比，该实验设计具有一些优点。三因素Box-Behnken设计只需要12次实验加中心点重复实验，而三因素中心组合设计对应有14个非中心点样本，Box-Behnken设计所需实验次数等于$2k(k-1)+C_0$（$k$为自变量个数，$C_0$是中心点样本数）。此外，每个因素均在三个水平下进行研究，这也是该实验设计的一个重要特征。另一方面，在中心组合设计中，当$a=1$时，每个因素也均有三个水平数。在大多数实际应用中，这些差异可能不是起决定性作用确定要选用哪种实验设计，但是至少可以通过变量取多少水平数来确定实验设计。然而，Box-Behnken 设计不包含所有因素在其最高或最低的水平组合，相反，采用 Box-Behnken 设计不能获得在极端条件下对应的响应变量值。

### 5.2.5 Doehlert Matrix 设计

1970 年，Doehlert 提出了 Doehlert 设计。这种设计描述一种圆形域对两个变量，球形对三个变量，以及超球面对三个以上变量，其强调所研究变量在实验范围内具有均匀性。虽然该实验设计数据矩阵没有旋转性，但是它也呈现了一些优点，如：在实际应用中，该设计需要较少的实验数据点和具有高的效率；每个变量都可以设置各自不同水平数，特别注意的是对某些实验仪器昂贵或实验成本很高相关联的变量，那么这些变量水平数将受到约束，对响应变量影响很大或很小，则对应的变量可以取较多的或较少的水平数。变量水平间隔呈现均匀分布；可用相邻的点实现从一个实验矩阵向另一个实验矩阵位移。所有 Doehlert 设计都能产生一个规则图形，且这个图形有 $k+1$ 个点（$k$ 是变量个数）。

Doehlert 设计另一个非常有趣的特点是在一个实验研究过程中引入一个新的变量，而不会丢失已执行的结果信息。有时不妨先来研究对响应变量影响更大的两个自变量，分析其结果，然后再依次引入第三个自变量，之后第四个自变量等。而 $D-1$ 设计在开始设计实验时，把所有感兴趣的潜在自变量引入实验中，将它们设置为平均水平（即它们码值为零）。例如，对一个反应过程涉及四个潜在影响变量，可以先定义两个变量设计开始，同时保持变量 3 和 4 中所有运行都固定为零水平。然后，当研究已保持固定这两个变量对响应变量影响时，只需要添加到初始设计行对应的四变量设计的其余行。

## 5.3 优化方法简介

当某个反应的优化模型建立后，可以通过构建模型，建立响应变量与任意两个自变量间的三维响应面图和对应的等高线图。对一个研究体系，若只有两个重要自变量影响因变量时，则可以直接由模型构建的响应面图或对应的等高线图中找到这个反应过程的优化参数变量值和对应的最大响应变量值；若影响过程变量数目等于或大于 3，则通过响应面图或等高线图很难确定最佳自变量组合，因为每个最大响应变量值对应不同的两个过程变量优化组合；在这种情况下（影响变量数目含 3），必须联合一个期望函数来探索最大响应变量值和对应的优化过程变量。

  1980 年，Derringer 和 Suich 建立了一个期望函数，用它来优化多变量目标问题，自此后，该优化函数广泛应用于不同领域。该期望函数是基于这个原理，即只要有一个影响变量不在设定范围内，则该反应过程呈现完全不能接受。该期望函数主要目的是找到一组变量组合使它们对应的因变量达到最大值，且这些变量均在各自设定范围内改变。将多目标响应问题转变为单一目标，结合每个自变量构成一个复合函数，之后通过优化它来实现整体优化。

# 第6章

# 电场强化钒铬滤饼湿法浸出行为研究

## 6.1 引言

在钒铬矿物中,低价的钒铬化合物主要以尖晶石结构形式存在,不易溶出。转炉钒渣中低价钒的冶炼工艺主要包含以下三种。① "钠化焙烧－水浸－沉淀－煅烧"。国内大部分企业采用此工艺,但该工艺过程中会产生大量对环境有毒有害的气体,并存在着废水和废渣等污染问题。② "酸浸－净化－沉淀－煅烧"。在该工艺中,大量可溶于酸的金属杂质元素会随着钒、铬一起进入浸出液中,为后续的除杂、净化以及钒铬的分离回收造成困难。③ "钙化焙烧－酸浸－沉淀－煅烧"。俄罗斯的图拉钒业公司和攀钢集团西昌钢钒公司采用此工艺,但该工艺仍需进一步节能降耗、降低生产成本。

本章研究的钒铬滤饼与转炉钒渣相比,成分和结构都较为简单,在酸性条件下比较容易浸出,但滤液中杂质较多,成分复杂,为后续的除杂净化工作带来较大不便。另外,钒铬滤饼中含有大量的硅酸盐,酸性浸出过程中会生成大量的硅酸,使得过滤困难。为了减少杂质离子的浸出,本章选用碱性的 NaOH 溶液作为浸取剂。由于低价钒和铬在碱性条件下溶解度较低，为实现钒铬的高效湿法浸出，在实验过程中引入电场对钒铬滤饼的湿法浸出过程进行强化。实验研究了电流密度、碱渣比、反应温度以及反应时间等因素对钒和铬的浸出率的影响，并对其反应机理进行分析。

## 6.2 实验过程

### 6.2.1 实验原料

实验用钒铬滤饼来自攀枝花某钢铁厂。来自钢铁厂的废水中含有大量的五价钒和六价铬，首先向废水中加入铁粉或者硫酸亚铁进行还原，然后加入大量的氨水进行沉淀得到钒铬滤饼。采用X射线荧光衍射技术（XRF）分析其化学成分，并用X射线粉末衍射技术（XRD）测定其物相组成，结果见表6.1和图6.1。从图中可以看到钒铬滤饼中所含元素主要为O、Cr、Si、Na、S、V、Cl等，其中铬含量为14.36%，钒含量为1.63%，且钒和铬主要以低价态的$Fe(Cr,V)_2O_4$、$VOSO_4$、$Cr_2(SO_4)_3$形式存在。

**表6.1 钒铬滤饼的化学组成**

| 组成 | O | Cr | Si | Na | S | V |
|---|---|---|---|---|---|---|
| 质量分数/% | 41.09 | 14.36 | 12.02 | 9.76 | 12.02 | 1.63 |
| 组成 | Ca | Cl | Fe | K | Mg | |
| 质量分数/% | 1.42 | 4.09 | 0.33 | 0.29 | 0.20 | |

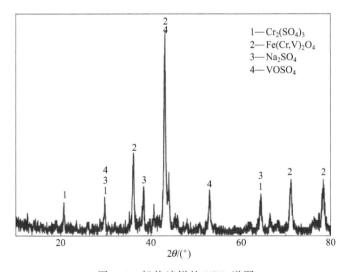

图6.1 钒铬滤饼的XRD谱图

### 6.2.2 实验步骤

量取适量配好的 NaOH 溶液置于洗净烘干后的烧杯中，将该烧杯置于恒温水浴锅中，将四元合金电极插入烧杯中并固定。待烧杯中温度达到实验设定温度值后，将事先称量好的钒铬滤饼倒入烧杯中，并接通电源，在恒定的转速下搅拌反应。反应结束后，停止搅拌，采用循环水式多用真空泵进行抽滤得到滤渣和滤液。滤渣烘干后待用，量取滤液体积，并采用第2章介绍的方法测量滤液中钒、铬离子浓度，并计算钒和铬的浸出率。

## 6.3 直接碱性浸出实验

实验以 NaOH 溶液作为浸取剂，在反应过程中只改变 NaOH 的用量，在 90℃下搅拌反应 120min 后过滤得到滤液和滤渣，采用第 2 章介绍的方法测定滤液中钒的浓度，并计算反应浸出率，实验结果如图 6.2 所示（因为在碱性条件下铬基本不浸出，故只研究 NaOH 用量对钒浸出率的影响，实验过程中未插入电极）。

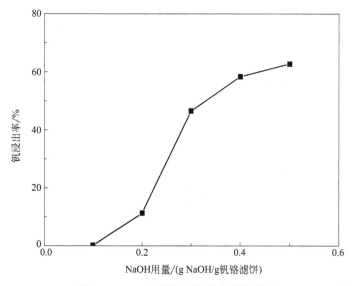

图 6.2 NaOH 用量对钒浸出率的影响

从图 6.2 中可以看出，钒的浸出率随着 NaOH 用量的增加而增加。但在整个反应过程中，钒的浸出率都较低，最高时仅为 62.6%。由于钒铬滤饼中含有大量的铵盐（反应过程中可以明显闻到氨气的气味），在反应过程中会与加入的 NaOH 溶液反应，从而减少实际参与反应的 NaOH 的量。另外，钒铬滤饼中钒大都以低价的形式存在，该形态的钒在碱性条件下难以溶出，使得钒的浸出率偏低。

## 6.4 电场强化浸出实验

为了提高钒的浸出率，研究者采用多种手段对钒的湿法浸出过程进行强化，例如在提钒过程中加入 $MnO_2$、$KClO_3$、$H_2O_2$ 等氧化剂作为助浸剂，可以强化钒的浸出过程并提高钒的浸出率。刘作华等采用空气强化转炉钒渣钠化焙烧料中低价钒的浸出过程，并以蒽醌磺酸钠和栲胶作为载氧体实现氧的传递，分别将钒的浸出率提高了 2.7% 和 3.5%。在转炉钒渣钠化焙烧料湿法浸出过程中加入电场后，钒的浸出率可提高 3.73%，尾渣中钒含量降低至 0.98%。

本章在钒铬滤饼湿法浸出过程中引入电场，旨在强化钒铬滤饼的浸出过程并提高钒和铬的浸出率。实验以四元合金板（Pb-Ag-Ca-Sr）为工作电极，阴阳极板之间的距离为 4cm，参与反应的电极面积为 $8cm^2$。

### 6.4.1 反应机理

电场强化技术是一种高级氧化方法，广泛应用于苯系废水、制药废水等有机废水的处理。反应介质在电场作用下生成具有强氧化性的活性基团（如 $·O_2$、$H_2O_2$、$·OH$ 等），在这些活性基团的作用下，将废水中的有机污染物氧化降解，实现废水的无害化。由于反应过程比较复杂，研究者针对不同的有机物降解过程提出了不同的氧化机理，但普遍认为在电场降解有机物的过程中，起主要作用的是 $H_2O_2$、$O_3$、$·OH$、$HO_2$、$O_2$ 以及溶剂化电子 $e_s$ 等活性物质。

电场氧化降解有机物的过程大致如下：在电极材料通电之后，反应介质中的 $H_2O$ 或 $OH^-$ 会在金属阳极表面发生吸附；然后在表面电场的作用下，$H_2O$ 或 $OH^-$ 会失去电子生成 $·OH$，吸附在金属阳极表面，形成 $MO_x(·OH)$（下列式中 $MO_x$ 为金属阳极）：

$$MO_x + H_2O \longrightarrow MO_x(·OH) + H^+ + e^- \tag{6.1}$$

然后吸附的羟基自由基和阳极上现存的氧反应，羟基自由基中的氧通过某种途径进入到金属阳极化合物的晶格之中，从而形成高价氧化物 $MO_{x+1}$，即化学吸附态的活性氧：

$$MO_x(·OH) \longrightarrow MO_{x+1} + H^+ + e^- \tag{6.2}$$

此时，在金阳极的表面存在两种状态的"活性氧"：一种是物理吸附的活性氧，即羟基自由基，另一种是化学吸附的活性氧，即进入金属阳极晶格中的氧原子。当溶液中存在可氧化的有机物 R 时，物理吸附的氧（·OH）在"电化学燃烧"过程中起主要作用，而化学吸附的氧（$MO_{x+1}$）则主要参与"电化学转化"，即对有机物进行有选择性的氧化，发生反应如下：

电化学燃烧：
$$R + MO_x(·OH)_z \longrightarrow CO_2 + MO_x + zH^+ + ze^- \quad (6.3)$$

电化学转化：
$$R + MO_{x+1} \longrightarrow RO + MO_x \quad (6.4)$$

在钒铬滤饼的碱性湿法浸出过程中引入电场，低价钒化合物会被氧化成高价而溶出，其反应示意图如图 6.3 所示。

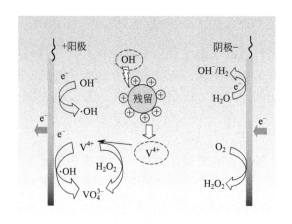

图 6.3 电场强化浸出模型图

在电场强化钒铬滤饼碱性湿法浸出过程中，在电极表面会发生如下反应：

① 反应介质中的 $H_2O$ 或 $OH^-$ 在电场的作用下被氧化成强氧化性的羟基自由基。

$$OH^- - e^- \longrightarrow ·OH \quad (6.5)$$

生成的羟基自由基部分吸附在四元合金电极表面，生成具有强氧化性的 $MO_x$（·OH）[式(6.1)]，另一部分则游离在反应介质中。钒铬滤饼中的低价钒化合物 V（Ⅲ）和 V（Ⅳ）与金属电极和溶液中的·OH 接触后，被氧化成高价钒酸盐溶出。

$$2FeV_2O_4 + 12NaOH + 10·OH \longrightarrow Fe_2O_3 + 11H_2O + 4Na_3VO_4 \quad (6.6)$$

$$VOSO_4 + 5NaOH + ·OH \longrightarrow Na_3VO_4 + 3H_2O + Na_2SO_4 \quad (6.7)$$

② 在反应过程中,溶液中产生的大量微纳级别的 $O_2$,会氧化低价钒化合物,强化钒的浸出过程,提高钒的浸出率。

$$4OH^- - 4e^- \longrightarrow O_2 + 2H_2O \qquad (6.8)$$
$$4FeV_2O_4 + 24NaOH + 5O_2 \longrightarrow 2Fe_2O_3 + 12H_2O + 8Na_3VO_4 \qquad (6.9)$$
$$4VOSO_4 + 20NaOH + O_2 \longrightarrow 4Na_3VO_4 + 10H_2O + 4Na_2SO_4 \qquad (6.10)$$

## 6.4.2 NaOH 用量对钒浸出率的影响

实验研究了 NaOH 用量对钒和铬浸出率的影响,反应时其他实验条件保持不变,分别设置为:反应液固比 4mL/g,钒铬滤饼颗粒尺寸保持在 200 目以下,反应时间为 120min,电流密度为 0.10A/cm²,反应温度为 90℃。NaOH 的用量设置为:0.1g NaOH/g 钒铬滤饼,0.2g NaOH/g 钒铬滤饼,0.3g NaOH/g 钒铬滤饼,0.4g NaOH/g 钒铬滤饼,0.5g NaOH/g 钒铬滤饼。实验结果如图 6.4 所示。

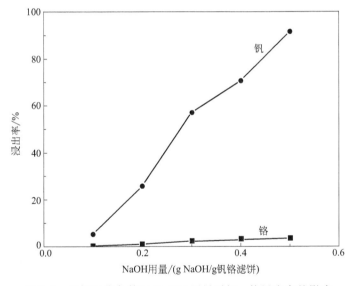

图 6.4 电场强化条件下 NaOH 用量对钒、铬浸出率的影响

从图 6.4 所示结果可以看到,随着 NaOH 用量的增加,钒和铬的浸出率呈线性增加。在 NaOH 用量为 0.5g NaOH/g 钒铬滤饼时,钒的浸出率高达 91.7%。与图 6.2 所示的结果相比,电场的引入强化了钒铬滤饼的湿法浸出过程,钒的浸出率得到大幅度的提升,由 62.6% 提高到 91.7%。另外,从图中可以看到在电场的氧化作用下,铬的浸出率在 6% 以下,说明在该反应体系中低价铬难以被氧化溶出。

### 6.4.3 电流密度对钒浸出率的影响

电流密度的大小不仅影响钒、铬的氧化效率，同时也影响着电极材料的消耗和反应能耗。为了寻求合适的电流密度，实验设置了不同的电流密度进行实验，实验结果如图 6.5 所示。反应时其他实验条件保持不变，分别设置为：反应时间 120min，液固比 4mL/g，NaOH 用量为 0.5g NaOH/g 钒铬滤饼，反应温度 90℃。电流密度分别设置为 $0.075A/cm^2$、$0.10A/cm^2$、$0.125A/cm^2$、$0.15A/cm^2$、$0.175A/cm^2$。

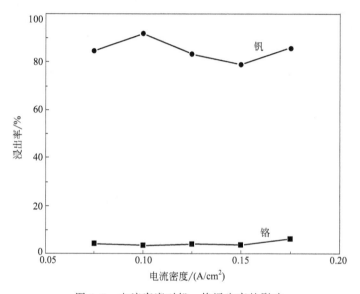

图 6.5 电流密度对钒、铬浸出率的影响

由图 6.5 可知，随着电流密度的增加，钒的浸出率呈现先增加后减小的趋势。当电流密度从 $0.075A/cm^2$ 增加到 $0.10A/cm^2$ 时，钒的浸出率从 84.5% 提高到 91.7%。在反应过程中，溶液中的 $H_2O$ 和 $OH^-$ 在电场的作用下被氧化成具有强氧化性的·OH，低价钒[V(Ⅲ)、V(Ⅳ)]化合物与之接触后被氧化成可溶的高价钒酸盐而溶出，使得钒的浸出率大幅度提高。

当电流密度超过 $0.10A/cm^2$ 后，钒的浸出率逐渐降低。随着电流密度的增大，四元合金电极在反应初期被腐蚀，吸附在电极表面的活性氧被释放，低价钒的氧化受到阻碍。另外，因电极腐蚀掉落的电极成分附着在电极表面，阻碍了钒铬滤饼与电极的接触，影响了氧化反应的进程，不利于钒的氧化。

随着电流密度的增加，铬的浸出率比较稳定，但最高时仅为 6.2%，说明在该反应体系中低价铬难以被氧化浸出。

### 6.4.4 反应时间对钒浸出率的影响

反应时间是化工过程中一个很重要的参数，如果能够在较短的时间内产出较多的产品，则可以产生更多的经济效益。实验研究了反应时间对钒、铬浸出率的影响，反应时其他实验条件保持不变，分别设置为：液固比 4mL/g，NaOH 用量为 0.5g NaOH/g 钒铬滤饼，电流密度为 0.10 A/cm$^2$，反应温度 90℃。反应时间分别设置为 30min、60min、90min、120min、150min。实验结果如图 6.6 所示。

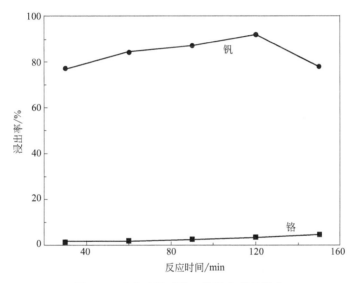

图 6.6 反应时间对钒、铬浸出率的影响

由图 6.6 可知，钒的浸出率随着反应时间的延长先增加后减小。在反应初期，随着反应的进行，NaOH 溶液与钒铬滤饼慢慢接触，且在电场的作用下，反应体系中有强氧化性的活性物质生成，大量的低价钒被氧化溶出，在反应时间为 120min 时，钒的浸出率高达 91.7%。当反应时间由 120min 增加到 150min 时，钒的浸出率由 91.7% 降低到 77.8%。因为随着反应时间的延长，钒铬滤饼中的硅元素溶出，反应介质中的硅酸盐浓度增加，增大了反应体系的黏度，减缓了反应物和产物的传质速率和运动速率。另外，随着体系反应的进行，溶液的碱度降低，溶液中的部分离子可能会形成一些不溶的物相，例如钒酸钙、钒酸铁等，从而使得钒的浸出率下降。另外，铬的浸出率最高时为 4.6%。综上所述，后续实验中反应时间设置

为 120min。

### 6.4.5 反应温度对钒浸出率的影响

浸出过程的实质是原料中目标成分溶解的过程，在反应过程中，反应速率受温度的影响较大。随着温度的升高，反应介质的扩散阻力逐渐减小，物质的运动速率增加，溶解度也会随之增加。但是，温度过高会相应地增加经济成本，因此，选择合适的反应温度也是非常重要的。

图 6.7 显示了反应温度对钒、铬浸出率的影响，实验过程中温度分别设置为 30℃、45℃、60℃、75℃、90℃，其他实验条件保持不变，分别设置为：电流密度为 $0.10A/cm^2$，液固比 4mL/g，NaOH 用量为 0.5g NaOH/g 钒铬滤饼，反应时间为 120min。

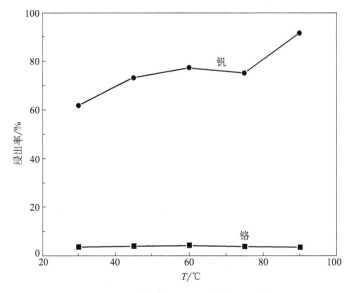

图 6.7 反应温度对钒、铬浸出率的影响

从图 6.7 所示结果可知，随着反应温度的升高，钒的浸出率先急剧增加，由 30℃ 的 61.8% 增加到 45℃ 的 73.4%。然后增加幅度变得较为平缓，当温度升高到 60℃ 时，浸出率有微小增幅，达到 77.3%。当温度继续升高到 90℃ 时，钒的浸出率增加到 91.7%，说明高温有利于钒的浸出。随着温度的升高，物质的运动速率和离子活度会增加，会加速反应的进行，强化钒的浸出行为，提高钒的浸出率。整个过程中，铬的浸出率基本没变化，在 3.8% 左右。因此，选择 90℃ 作为最佳的反应温度。

### 6.4.6 物相变化

采用扫描电子显微镜（SEM）对反应前的钒铬滤饼和反应后的滤渣进行观察，结果如图 6.8 所示。从图中可以看到钒铬滤饼在反应前为不规则的块状或颗粒状，反应后颗粒大小以及形貌变化差异不大，但其晶型结构变化差异较大。从图 6.8 所示的结果可知，在钒铬滤饼中钒和铬皆以低价的晶型结构存在，经过碱性浸出后，滤渣中物质皆以无定形结构存在（图 6.9）。

(a) 钒铬滤饼　　　　　　　　　　　(b) 滤渣

图 6.8　钒铬滤饼和滤渣 SEM 谱图

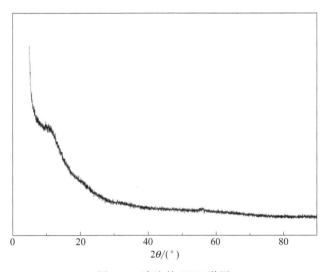

图 6.9　滤渣的 XRD 谱图

## 6.5　浸出动力学行为研究

在非氧化性条件下钒的浸出率较低，只有 62.6% 左右，因此考虑在浸出过程中引入强化方式,强化钒的湿法浸出过程,提高钒的浸出率。在钒铬滤饼的碱性浸出过程中加入电场,实验结果表明电场可以强化钒的湿法浸出过程,将钒的浸出率提高到91.7%。本节对电场强化过程中钒的浸出动力学行为进行研究,确定浸出过程中的速率控制步骤以及浸出反应的活化能。

将实验所得的数据代入到式(3.18)、式(3.19)和式(3.20)中进行拟合计算,所得结果如表6.2所示。

表6.2 反应速率常数和相关系数

| 温度/K | 液膜扩散控制 $x$ | | 固膜扩散控制 $1-2/3x-(1-x)^{2/3}$ | | 化学反应控制 $1-(1-x)^{1/3}$ | |
|---|---|---|---|---|---|---|
| | $k_1/\min^{-1}$ | $R^2$ | $k_2/\min^{-1}$ | $R^2$ | $k_3/\min^{-1}$ | $R^2$ |
| 303.15 | 0.0015 | 0.9187 | 0.0006 | 0.9317 | 0.0011 | 0.9528 |
| 323.15 | 0.0009 | 0.9262 | 0.0008 | 0.9621 | 0.0013 | 0.9977 |
| 343.15 | 0.0011 | 0.9167 | 0.0009 | 0.9763 | 0.0015 | 0.9813 |
| 363.15 | 0.0010 | 0.9439 | 0.0009 | 0.9627 | 0.0019 | 0.9948 |

表6.2所示的结果表明,加入电场后,钒铬滤饼中钒的湿法浸出过程仍然主要受表面化学反应控制,其动力学模型的相关系数皆在0.95以上,线性相关度较高,因此仍然选用表面化学反应控制模型来描述钒铬滤饼湿法浸出过程中钒的浸出动力学行为。根据实验数据和表6.2中的计算结果,将不同温度下的钒的浸出率与反应时间按照式(3.18)进行拟合画图,结果如图6.10所示。

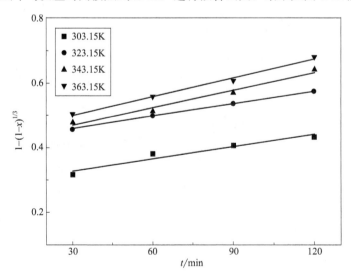

图6.10 不同温度下钒的浸出动力学模型

从图 6.10 中可以看到，不同温度下 $1-(1-x)^{1/3}$ 与时间 $t$ 拟合的线性关系比较好，其相关系数都较高，说明选取的动力学模型比较合适。选择图 6.10 中所示直线的斜率 $k$，并以 $\ln k$ 对 $1/T$ 作图得到如图 6.11 所示的结果。从图中可以看到 $\ln k$ 与 $1/T$ 呈线性关系，其线性相关系数也较高。根据图中的直线方程，结合式（3.21）所示的阿仑尼乌斯公式，可以计算出钒铬滤饼中钒在电场强化碱性湿法浸出过程中的表观活化能为 8.10kJ/mol。

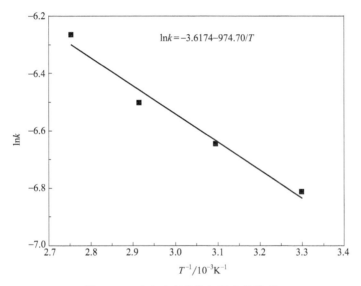

图 6.11 反应速率常数与温度的关系

## 6.6 本章小结

本章加入电场对钒铬滤饼碱性湿法浸出过程进行强化，通过实验得到以下结论：

① 钒铬滤饼中钒和铬主要以 $Fe(Cr, V)_2O_4$、$VOSO_4$、$Cr_2(SO_4)_3$ 等低价化合物形式存在，在碱性条件下难以溶出。电场的引入，可以实现钒的选择性高效浸出，大部分的钒会从钒铬滤饼中溶出，而铬则基本残留在滤渣中。

② 电场可以强化钒的湿法浸出过程，有效提高钒的浸出率。在电场的作用下，反应介质中的 $H_2O$ 或 $OH^-$ 会失去电子，生成具有强氧化性的·OH，同时溶液中会有大量微纳级别的 $O_2$ 生成。钒铬滤饼中的低价钒化合物与这类活性物质反应，被氧化成溶解度较高的高价钒酸盐而溶出，从

而实现钒的强化浸出，大幅度提高钒的浸出率。

③ 实验研究了电流密度、NaOH 用量、反应时间和反应温度等反应参数对钒、铬浸出率的影响。实验结果表明，电场的加入、增加 NaOH 用量和升高反应温度都可以强化钒的浸出，大幅度提高钒的浸出率。当反应条件设置为：电流密度 $0.10A/cm^2$，液固比 $4mL/g$，反应温度 90℃，NaOH 用量为 0.5g NaOH/g 钒铬滤饼，反应时间 120min 时，钒的浸出率高达 91.7%。

# 第7章

# 重铬酸钾氧化钒铬滤饼湿法浸出实验研究

## 7.1 概述

本章主要是利用重铬酸钾的强氧化性实现钒铬滤饼中低价钒的湿法氧化浸出。实验研究了反应时间、反应温度、氢氧化钠用量以及重铬酸钾用量对浸出过程的影响，利用响应曲面法对相关反应条件进行了优化，同时对钒铬滤饼的浸出动力学行为进行了研究。

## 7.2 实验过程

### 7.2.1 实验预处理

钒铬滤饼含水率较高，需要进行干燥、研磨等预处理。将钒铬滤饼在烘箱中恒温（120℃）干燥 24h，再用球磨机磨细至 200 目以下，得到实验所用钒铬滤饼样品（所用样品与第 6 章相同）。

### 7.2.2 实验步骤

量取适量配好的 NaOH 溶液置于洗净烘干后的烧杯中，将该烧杯置于恒温水浴锅中。待烧杯中温度达到实验设定温度值后，将事先称量好的钒铬滤饼和按照一定质量比称量好的重铬酸钾倒入烧杯中，在恒定的转速下搅拌反应。反应结束后，停止搅拌，采用循环水式多用真空泵进行抽滤得到滤渣和滤液。滤渣烘干后待用，量取滤液体积，并采用高锰酸钾-硫酸亚铁铵滴定法测量滤液中钒离子浓度，并计算钒的浸出率。

## 7.3 结果与讨论

钒铬滤饼中钒主要以低价态形式存在，在碱性条件下难以直接溶出。众所周知，六价铬与三价铬的氧化还原电势为 $E^{\ominus}_{Cr_2O_7/Cr^{3+}}=1.33V$，而五价钒与四价钒的氧化还原电势为 $E^{\ominus}_{(VO_2^+/VO^{2+})}=1.00V$，所以，重铬酸钾可以作为氧化剂将低价钒氧化成高价钒。从图7.1所示的 $\Delta G\text{-}T$ 图可以看出，在浸出过程中所有可能发生的化学反应的 $\Delta G$ 皆为负值，说明重铬酸钾氧化低价钒在热力学上是可行的。

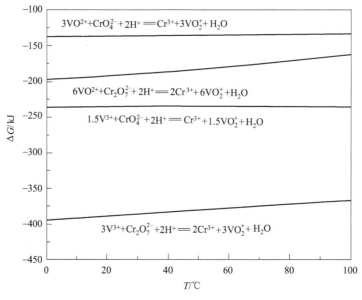

图 7.1 相关反应的 $\Delta G\text{-}T$ 图

### 7.3.1 重铬酸钾用量的影响

从前文的分析结果可知利用重铬酸钾氧化低价钒在热力学上是可行的，因此，反应过程中重铬酸钾的用量对钒的浸出率有显著的影响。实验研究了重铬酸钾用量对钒浸出率的影响，其他反应条件分别设置为：反应温度90℃，反应时间60min，氢氧化钠的用量为0.3gNaOH/g钒铬滤饼，反应液固比为5mL/g，实验结果如图7.2所示。

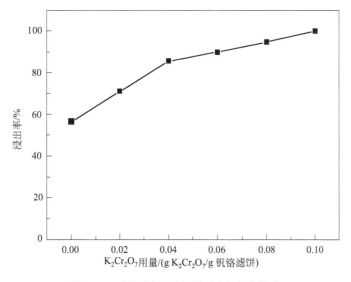

图7.2 重铬酸钾用量对钒浸出率的影响

由图7.2所示的结果可知钒的浸出率随着重铬酸钾用量的增加而增加。在未加入氧化剂时，只有少部分的钒可以被浸出。随着重铬酸钾的加入，低价钒被重铬酸钾氧化成高价钒而浸出，使得钒的浸出率有显著提高。未加重铬酸钾时，钒的浸出率最高只能达到56.65%，而当重铬酸钾的用量为0.1g$K_2Cr_2O_7$/g钒铬滤饼时，钒的浸出率可高达99.92%。由于反应体系处于强碱状态，钒铬滤饼中原有的三价铬和重铬酸钾被还原后生成的三价铬都以沉淀的形式残留在滤渣中。该滤渣铬含量较高，可以作为铬盐制备的原料。

## 7.3.2 氢氧化钠用量的影响

由于钒铬滤饼中硅的含量高达11.30%，因此碱性浸出比酸性浸出更优。实验研究了氢氧化钠用量对钒浸出率的影响，反应时其他条件设置为：反应温度90℃，反应时间60min，重铬酸钾用量为0.1g$K_2Cr_2O_7$/g钒铬滤饼，反应液固比为5mL/g。从图7.3所示的结果可知，在中性条件下浸出时，只有6.54%的钒被浸出，随着溶液碱度的增加，钒的浸出率逐渐增加。当氢氧化钠用量为0.3gNaOH/g钒铬滤饼时，钒的浸出率可高达99.92%。碱性条件下重铬酸钾高效氧化低价钒实现了钒的高效湿法浸出。

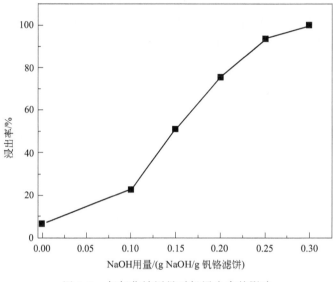

图 7.3 氢氧化钠用量对钒浸出率的影响

### 7.3.3 反应温度的影响

一般来说,高温可以增加反应物的原子活性,减小反应介质的黏度,从而强化反应的发生。实验研究了反应温度对钒浸出率的影响,反应时其

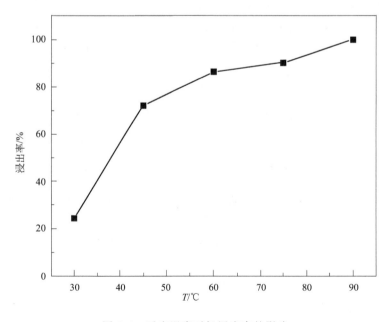

图 7.4 反应温度对钒浸出率的影响

他条件设置为：氢氧化钠用量为 0.3gNaOH/g 钒铬滤饼，反应时间 60min，重铬酸钾用量为 $0.1gK_2Cr_2O_7$/g 钒铬滤饼，反应液固比为 5mL/g，实验结果如图 7.4 所示。从图中可以看出高温时钒的浸出率偏高。当反应温度从 30℃ 增加到 90℃ 时，钒的浸出率从 24.39% 增加到了 99.92%，钒的浸出行为得到了强化。

### 7.3.4 反应时间的影响

反应时间作为化工生产过程中很重要的因素，一般来说，希望能够在较短的时间内生产出尽可能多的产品。实验研究了反应时间对钒浸出率的影响，反应时其他条件设置为：氢氧化钠用量为 0.3gNaOH/g 钒铬滤饼，反应温度 90℃，重铬酸钾用量为 $0.1gK_2Cr_2O_7$/g 钒铬滤饼，反应液固比为 5mL/g，实验结果如图 7.5 所示。反应时间越长，重铬酸钾、氢氧化钠与钒铬滤饼的接触时间越长，低价钒被氧化的概率越大。从图中可以看到，当反应时间从 10min 增加到 60min 时，钒的浸出率由 48.64% 增加到了 99.92%，说明在反应时间足够长的情况下，所有的钒都可以被氧化浸出。

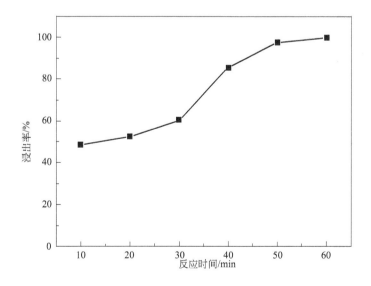

图 7.5 反应时间对钒浸出率的影响

综上所述，重铬酸钾作为氧化剂可以实现钒铬滤饼中低价钒的高效湿法浸出，在最优反应条件下，钒的浸出率可高达 99.92%；氢氧化钠用量为 0.3gNaOH/g 钒铬滤饼，反应温度 90℃，重铬酸钾用量为 $0.1gK_2Cr_2O_7$/g

钒铬滤饼，反应时间 60min，反应液固比为 5mL/g。

## 7.4 响应曲面法分析

### 7.4.1 参数设置

单因素实验只能研究某一个反应参数对实验过程的影响，从而忽略了各因素相互之间的影响。响应曲面法则可以很好地优化反应条件并分析各因素相互之间的影响。本实验采用 Design-Expert 软件进行分析模拟。在模拟过程中操作条件分别设置为：A. 重铬酸钾用量；B. 氢氧化钠用量；C. 反应温度；D. 反应时间。钒的浸出率作为响应值。各参数的具体取值范围如表 7.1 所示。

表 7.1 各参数的取值

| 独立变量 | 单位 | 水平 | | |
| --- | --- | --- | --- | --- |
| | | -1 | 0 | 1 |
| A. 重铬酸钾用量 | 1 | 0 | 0.05 | 0.1 |
| B. 氢氧化钠用量 | 1 | 0.01 | 0.15 | 0.3 |
| C. 反应温度 | ℃ | 30 | 60 | 90 |
| D. 反应时间 | min | 10 | 30 | 60 |

### 7.4.2 模型分析

根据软件分析的结果以平方根公式来描述钒的浸出率与各反应参数之间的关系，如式(7.1)所示。

$$\text{Sqrt}(浸出率) = 6.76 + 0.60*A + 2.51*B + 0.53*C + 1.333\text{E-}4*D + 0.29*A*B - 1.10*A*C - 0.20*A*D + 0.46*B*C - 0.057*B*D - 0.43*A^2 - 0.66*B^2 - 1.08*C^2 - 0.12*D^2 \tag{7.1}$$

从表 7.2 所示结果可知，选择模型的 $F$ 值和 $p$ 值分别为 12.07 和 <0.0001，说明选择的模型显著，可以用来描述钒的浸出过程。

式(7.1) 中 A、B、C、D 四种参数前的系数大小和符号代表了这四种参数对响应值（钒浸出率）的影响规律。四个参数的系数分别为 0.60、2.51、0.53 和 1.333E-4，说明这四个参数对钒浸出率的影响皆为正向影响，且其影响大小遵循下列规律：B>A>C>D，说明氢氧化钠的用量对钒浸出率影响最大，其次为重铬酸钾的用量和反应温度，反应时间的影响最小。

表 7.2 变量分析

| 要素 | S | Df | 均方差 | F | p |
|---|---|---|---|---|---|
| 模型 | 106.62 | 14 | 7.62 | 12.07 | <0.0001 |
| 残差 | 8.84 | 14 | 0.63 | — | — |
| 失拟误差 | 8.27 | 10 | 0.83 | 5.89 | 0.0511 |
| 系统误差 | 0.56 | 4 | 0.14 | — | — |

## 7.5 浸出动力学分析

通常利用核收缩模型来描述液固模型的动力学行为，将实验所得的数据代入到式(3.18)、式(3.19) 和式(3.20) 中进行拟合计算，所得结果如表 7.3 所示。

表 7.3 反应速率常数和相关系数

| 温度/K | 液膜扩散控制 $x$ | | 固膜扩散控制 $1-2/3x(1-x)^{2/3}$ | | 化学反应控制 $1-(1-x)^{1/3}$ | |
|---|---|---|---|---|---|---|
| | $k_1$ /min$^{-1}$ | $R^2$ | $k_2$ /min$^{-1}$ | $R^2$ | $k_3$ /min$^{-1}$ | $R^2$ |
| 303.15 | 0.0032 | 0.9596 | 0.00013 | 0.9950 | 0.01807 | 0.9377 |
| 318.15 | 0.0090 | 0.9699 | 0.00067 | 0.9960 | 0.02306 | 0.9273 |
| 333.15 | 0.0101 | 0.9428 | 0.00280 | 0.9846 | 0.02247 | 0.9203 |
| 348.15 | 0.0108 | 0.9524 | 0.00348 | 0.9928 | 0.02279 | 0.9344 |
| 363.15 | 0.0119 | 0.9207 | 0.00635 | 0.9843 | 0.02311 | 0.8866 |

表 7.3 所示的结果表明，钒的湿法浸出过程主要受固膜扩散过程控制，其动力学模型的相关系数皆在 0.98 以上，线性相关度较高，因此仍然选用固膜扩散控制模型来描述钒铬滤饼湿法浸出过程中钒的浸出动力学行为。选择表 7.3 中所示固膜扩散反应模型的斜率 $k$，并以 $\ln k$ 对 $1/T$ 作图，得到如图 7.6 所示的结果。从图中可以看到 $\ln k$ 与 $1/T$ 呈线性关系，其线性相关系数也较高。根据图中的直线方程，结合式(3.21) 所示的阿仑尼乌斯公式，可以计算出钒铬滤饼中钒在重铬酸钾氧化湿法浸出过程中的表观活化能为 58.27kJ/mol。

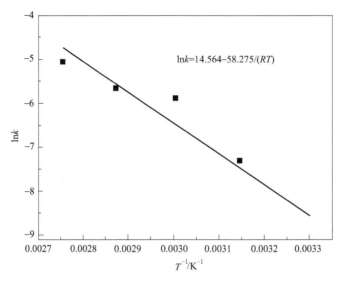

图 7.6　反应速率常数与温度的关系

## 7.6　本章小结

本章引入重铬酸钾作为氧化剂对钒铬滤饼碱性湿法浸出过程进行强化，通过实验得到以下结论：

① 根据响应曲面法优化结果可知相关反应参数对钒浸出率皆有正面影响，且其影响大小遵循下列规律：氢氧化钠用量＞重铬酸钾用量＞反应温度＞反应时间。在如下最优条件下，钒的浸出率高达 99.92%：氢氧化钠用量为 0.3gNaOH/g 钒铬滤饼，反应温度 90℃，重铬酸钾用量为 0.1g $K_2Cr_2O_7$/g 钒铬滤饼，反应时间 60min，反应液固比为 5mL/g。

② 动力学模型分析结果表明钒的浸出过程中钒铬滤饼在液相中的扩散过程是决速步骤，其动力学模型符合缩芯模型的固膜扩散模型，其浸出反应的表观活化能为 58.27kJ/mol。

# 第8章

# 高锰酸钾氧化钒铬滤饼湿法浸出实验研究

## 8.1 引言

本章主要是利用高锰酸钾的强氧化性实现钒铬滤饼中低价钒和铬的湿法氧化浸出。实验研究了反应时间、反应温度、氢氧化钠用量以及高锰酸钾用量对浸出过程的影响,同时对钒铬滤饼的浸出动力学行为进行了研究。

## 8.2 实验过程

### 8.2.1 实验预处理

钒铬滤饼含水率较高,需要进行干燥、研磨等预处理。将钒铬滤饼在烘箱中恒温(120℃)干燥24 h,再用球磨机磨细至200目以下,得到实验所用钒铬滤饼样品(所用样品与第6章相同)。

### 8.2.2 实验步骤

量取适量配好的NaOH溶液置于洗净烘干后的烧杯中,将该烧杯置于恒温水浴锅中。待烧杯中温度达到实验设定温度值后,将事先称量好的钒铬滤饼和按照一定质量比称量好的高锰酸钾倒入烧杯中,在恒定的转速下搅拌反应。反应结束后,停止搅拌,采用循环水式多用真空泵进行抽滤得到滤渣和滤液。滤渣烘干后待用,量取滤液体积,并采用高锰酸钾-硫酸亚铁铵滴定法测量滤液中钒离子浓度,并计算钒铬的浸出率。

## 8.3 结果与讨论

### 8.3.1 热力学分析

在钒铬滤饼的湿法浸出过程中主要发生的反应为低价钒、低价铬、氢氧化钠和高锰酸钾的反应[式(8.1)～式(8.3)]。相关反应的吉布斯自由能可以通过式(8.4)～式(8.6)中所示的 $\Delta H_{298}^{\ominus}$、$\Delta S_{298}^{\ominus}$ 以及 $c_p$ 计算得到。

$$MnO_4^- + 3/2V^{3+} + 8OH^- = 3/2VO_4^{3-} + MnO_2 + 4H_2O \tag{8.1}$$

$$MnO_4^- + 3VO^{2+} + 14OH^- = 3VO_4^{3-} + MnO_2 + 7H_2O \tag{8.2}$$

$$MnO_4^- + Cr^{3+} + 4OH^- = CrO_4^{2-} + MnO_2 + 2H_2O \tag{8.3}$$

$$\Delta G_T^{\ominus} = \Delta H_T^{\ominus} - T\Delta S_T^{\ominus} \tag{8.4}$$

$$\Delta H_T^{\ominus} = \Delta H_{298}^{\ominus} + \int_{298}^{T} \Delta c_p \mathrm{d}T \tag{8.5}$$

$$\Delta S_T^{\ominus} = \Delta S_{298}^{\ominus} + \int_{298}^{T} \frac{\Delta c_p}{T} \mathrm{d}T \tag{8.6}$$

将式(8.4)～式(8.6)合并后可得:

$$\Delta G_T^{\ominus} = \Delta H_{298}^{\ominus} - T\Delta S_{298}^{\ominus} + \int_{298}^{T} \Delta c_p \mathrm{d}T - T\int_{298}^{T} \frac{\Delta c_p}{T} \mathrm{d}T \tag{8.7}$$

式中 $\Delta c_p$ 可由下式进行计算得到:

$$\Delta c_p = \Delta a + \Delta b \times 10^{-3} T + \Delta c \times 10^5 T^{-2} + \Delta d \times 10^{-6} T^2 \tag{8.8}$$

将式(8.7)和式(8.8)合并可得:

$$\Delta G_T^{\ominus} = \Delta H_{298}^{\ominus} - T\Delta S_{298}^{\ominus} - T\int_{298}^{T} \frac{\mathrm{d}T}{T^2} \int_{298}^{T}$$

$$(\Delta a + \Delta b \times 10^{-3} T + \Delta c \times 10^5 T^{-2} + \Delta d \times 10^{-6} T^2)\mathrm{d}T \tag{8.9}$$

积分得:

$$\Delta G_T^{\ominus} = \Delta H_{298}^{\ominus} - T\Delta S_{298}^{\ominus} - T\left\{\Delta a\left(\ln\frac{T}{298} + \frac{298}{T} - 1\right) + \Delta b \times 10^{-3}\left[\frac{1}{2T}(T-298)^2\right]\right.$$

$$\left. + \frac{\Delta c \times 10^5}{2}\left(\frac{1}{298} - \frac{1}{T}\right)^2 + \Delta d \times 10^{-6}\left(\frac{T^2}{6} + \frac{298^3}{3T} - \frac{298^2}{2}\right)\right\} \tag{8.10}$$

上式中 $\Delta H_{298}^{\ominus}$、$\Delta S_{298}^{\ominus}$ 以及 $c_p$ 可以通过相关手册查询。

从图 8.1 所示的结果可知，在反应选择温度范围内，式(8.1)～式(8.3)所示的三个反应的 $\Delta G$ 皆为负值，说明这三个反应在热力学上都是比较容易自发发生的。另外，式(8.3) 所示的反应的 $\Delta G$ 比式(8.1) 和式(8.2) 所示的反应的值大很多，说明在实验选取温度范围内，低价铬的氧化比低价钒的氧化更难。

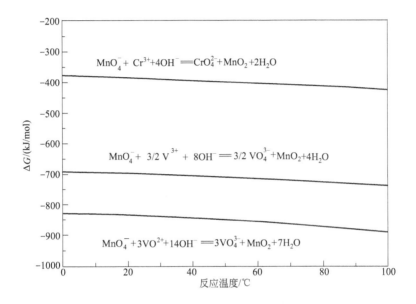

图 8.1 相关反应 $\Delta G\text{-}T$ 关系图

## 8.3.2 高锰酸钾用量的影响

从图 8.2 所示的 Cr-V-Mn 的 $E\text{-pH}$ 图中可以看出 $MnO_4^-$ 的电极电势比 V(V) 和 Cr(VI) 都要大 $[E^\ominus(MnO_4^-/MnO_2)=1.68V$，$E^\ominus(CrO_4^{2-}/Cr^{3+})=0.13V$，$E^\ominus(VO_2^+/V^{3+})=0.668V$ 和 $E^\ominus(VO_2^+/VO^{2+})=0.991V]$，说明高锰酸钾可以作为氧化剂来强化钒和铬的湿法浸出。实验研究了高锰酸钾用量对钒铬浸出率的影响，反应时其他条件设置为：反应温度 90℃，反应时间 90min，氢氧化钠的用量为 0.3gNaOH/g 钒铬滤饼，反应液固比为 5mL/g。由图 8.3 所示结果可知在未加高锰酸钾时，由于钒和铬皆以低价态形式存在，钒和铬的直接碱性浸出率分别为 23.46% 和 3.43%。高锰酸钾的加入可以显著强化浸出过程，提高钒和铬的浸出率。在低高锰酸钾剂量下，浸出率显著提高，然后平稳提高。在 0.4gKMnO₄/g 钒铬滤饼条件下钒的浸出率高达 97.24%，铬的浸出率为 56.20%，结果与热力学分析结果一致。随着反应的进行，继续增加高锰酸钾用量对钒铬的浸出率没有较大的提高。因此，我们选择高锰酸钾剂量 0.4gKMnO$_4$/g 钒铬滤饼作为后续实验的最佳条件。

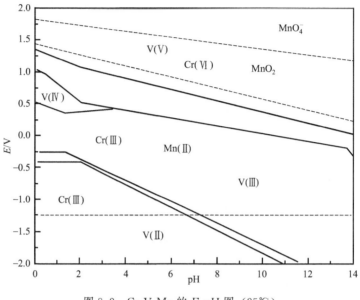

图 8.2　Cr-V-Mn 的 $E$-pH 图（25℃）

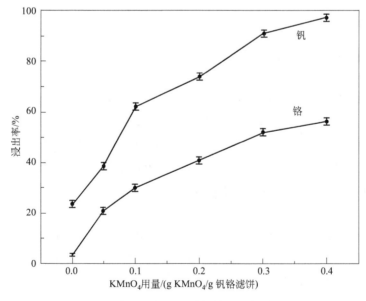

图 8.3　高锰酸钾用量对钒铬浸出率的影响

### 8.3.3 氢氧化钠剂量对浸出率的影响

虽然酸性浸出钒和铬比碱性浸出效率更高,但是由于钒铬滤饼中硅含量高,过滤过程较为困难。因此,本书选择了碱性浸出法。在其他反应条件保持不变的情况下,研究了氢氧化钠用量对浸出过程的影响:反应时间为90min,液固比为5mL/g,0.4gKMnO$_4$/g钒铬滤饼,反应温度为90℃。氢氧化钠用量设为0gNaOH/g钒铬滤饼、0.05gNaOH/g钒铬滤饼、0.1gNaOH/g钒铬滤饼、0.15gNaOH/g钒铬滤饼、0.2gNaOH/g钒铬滤饼、0.25gNaOH/g钒铬滤饼、0.3gNaOH/g钒铬滤饼。结果的详细信息如图8.4所示。

虽然高锰酸钾具有较强的氧化能力,但在中性介质中仅有6.54%的钒和2.05%的铬被浸出。当氢氧化钠用量增加到0.3gNaOH/g钒铬滤饼时,钒的浸出率达到了97.24%,铬的浸出率达到了56.20%,这说明氢氧化钠在浸出过程中起着非常重要的作用。根据方程式(8.1)~式(8.3),氢氧化钠的加入不仅可以作为反应剂,而且还为溶解高价钒($VO_4^{3-}$)和铬($CrO_4^{2-}$)提供了强碱性介质。为了避免实验装置的腐蚀和便于过滤,我们选择氢氧化钠剂量0.3gNaOH/g钒铬滤饼作为后续实验的最佳条件。

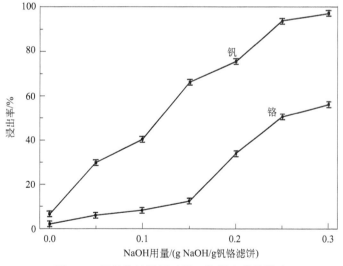

图8.4 氢氧化钠用量对钒、铬浸出率的影响

### 8.3.4 反应温度对萃取效率的影响

根据图8.1的结果,钒和铬的提取过程在热力学上是可行的,说明反应温度在浸出过程中起着重要的作用。因此,实验研究了反应温度对浸出过

程的影响，实验条件为：反应时间保持在 90min，液固比选择 5mL/g，高锰酸钾剂量选为 0.4gKMnO$_4$/g 钒铬滤饼，氢氧化钠剂量为 0.3gNaOH/g 钒铬滤饼，反应温度分别设置为 30℃、45℃、60℃、75℃、90℃。反应温度对浸出过程的影响如图 8.5 所示。

由图 8.5 所示的结果可知，随着反应温度的提高，钒和铬的浸出率均有所提高。即使在 30℃ 的低反应温度下，也有约 68.13% 的钒和 36.41% 的铬被浸出，说明反应温度对浸出过程的影响不如高锰酸钾用量和氢氧化钠用量显著。随着反应温度的升高，反应体系中原子、分子的活性和反应速率的活性会增加，当反应温度升高到 90℃ 时，钒和铬的浸出率分别提高了 29.11% 和 19.79%。

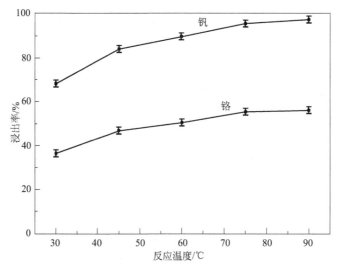

图 8.5　反应温度对钒、铬浸出率的影响

## 8.3.5　反应时间对浸出率的影响

反应时间对选定条件下浸出过程的影响如图 8.6 所示。实验条件：液固比为 5mL/g，反应温度为 90℃，0.4gKMnO$_4$/g 钒铬滤饼，0.3gNaOH/g 钒铬滤饼，反应时间为 30～90min。较长的反应时间可以提高反应试剂的接触概率，钒铬滤饼中的低价钒和铬可以在足够的反应时间内被氧化。从图 8.6 可以看出，随着反应时间从 30min 增加到 90min，钒的浸出率提高了近 45%（从 52.83% 提高到 97.24%）。虽然铬难以提取，但在 30min 时的浸出率从 26.06% 增加到 90min 时的 56.20%。从图 8.6 中可以看出钒和铬的浸出率不会随反应时间的增加而持续大幅度增加。因此，在接下来的实验中，我们选择反应时间为 90min 作为最佳条件。

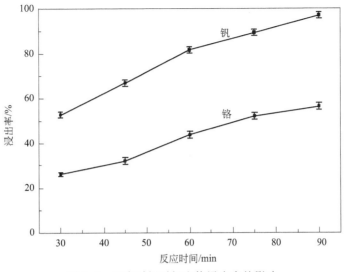

图 8.6 反应时间对钒和铬浸出率的影响

## 8.3.6 液固比对浸出率的影响

反应介质的体积会影响溶液黏度和固体-液体传质，因此，液固比对浸出过程有显著的影响。通过一系列实验研究了液体-固体比对浸出过程的影响。液固比设为 5mL/g、6mL/g、7mL/g、8mL/g、9mL/g，其他反应条件保持不变：反应温度 90℃，反应时间 90min，0.4gKMnO$_4$/g 钒铬滤饼，0.3gNaOH/g 钒铬滤饼，结果如图 8.7 所示。

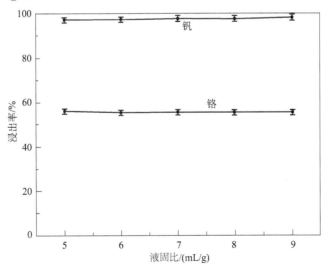

图 8.7 液固比对钒、铬浸出率的影响

从图 8.7 中我们可以明显地看到，液固比对浸出过程没有明显影响。实验所选的钒铬滤饼颗粒尺寸小于 75 μm，可以实现钒铬滤饼与 $KMnO_4$ 在浓 NaOH 溶液中的有效接触。同时，浸出过程主要由高锰酸钾用量、反应温度、氢氧化钠用量等典型的热力学参数决定，动力学参数影响较小。因此，为了节省能量，在萃取过程中，推荐 5mL/g 作为最佳的液固比。

综上所述，在最佳反应条件下，钒和铬的浸出率分别为 97.24% 和 56.20%；高锰酸钾剂量 $0.4gKMnO_4$/g 钒铬滤饼，氢氧化钠剂量 0.3g NaOH/g 钒铬滤饼，反应温度 90℃，反应时间 90min，液固比 5mL/g。

### 8.3.7 动力学分析

浸出过程是关于高锰酸钾、氢氧化钠溶液和钒铬滤饼之间的反应。这是一种典型的液体-固体反应过程，因此浸出行为可能遵循核缩芯模型。通过动力学分析可以确定浸出过程中的速率控制步骤。核缩芯模型一共有三种类型：①反应物在溶液中的扩散；②反应物通过固体产物层的扩散；③粒子表面的化学反应速率。

模拟的模型过程描述如下：模型假设钒铬滤饼的原始半径为 $r_0$。在反应过程中，界面向球体的中心缩小。在反应时间 $t$ 时，将距离设为 $x$。然后，将 $t$ 时刻的钒铬滤饼粒子半径设为 $r$。

$$r = r_0 - x \tag{8.11}$$

提取过程中，原始钒铬滤饼的粒子和真实钒铬滤饼的粒子在 $t$ 时刻的体积可以计算为式(8.12) 和式(8.13)。

$$V_0 = 4/3\pi \cdot r_0^3 \tag{8.12}$$

$$V = 4/3\pi \cdot r^3 = 4/3\pi \cdot (r_0 - x)^3 \tag{8.13}$$

然后，未反应组分的体积为：

$$1 - \eta = \frac{4/3\pi \cdot (r_0 - x)^3}{4/3\pi \cdot r_0^3} = \frac{r_0 - x^3}{r_0^3} \tag{8.14}$$

$$(1 - \eta)^{1/3} = \frac{r_0 - x}{r_0} = 1 - \frac{x}{r_0} \tag{8.15}$$

$$\frac{x}{r_0} = 1 - (1 - \eta)^{1/3} \tag{8.16}$$

$$x = r_0 \cdot [1 - (1 - \eta)^{1/3}] \tag{8.17}$$

$$\frac{dx}{d\eta} = 1/3 r_0 \cdot [1 - (1 - \eta)^{-2/3}] \tag{8.18}$$

$$\frac{dx}{dt} = \frac{D \cdot V_m \cdot 4\pi \cdot r^2}{x} = \frac{k \cdot r^2}{x} \tag{8.19}$$

$$k = D \cdot V_m \cdot 4\pi \cdot c_0 \tag{8.20}$$

式中，$D$ 为扩散系数，$V_m$ 为钒铬滤饼粒子的体积，$c_0$ 为氢氧化钠溶液的浓度。

代入 $x$、$dx$、$r^2$，可以得到式(8.21) 和式(8.22)。

$$\frac{1/3r_0^2 \cdot [1-(1-\eta)^{1/3}] \cdot (1-\eta)^{2/3} \cdot d\eta}{r_0^2 \cdot (1-\eta)^{2/3}} = k \cdot dt \tag{8.21}$$

$$1/3[(1-\eta)^{-4/3} - (1-\eta)^{-3/3}] \cdot d\eta = k \cdot dt \tag{8.22}$$

合并可以得到等式。

$$1/3[3(1-\eta)^{-1/3} + \ln(1-\eta)] = k \cdot dt \tag{8.23}$$

在 $t=0$、$\eta=0$、$c=-3$ 处

$$[(1-\eta)^{-1/3} - 1] + 1/3\ln(1-\eta) = kt \tag{8.24}$$

利用得到的等式(8.24)，用上述实验数据模拟浸出模型，$k$ 是直线斜率对应的反应速率常数，因此可以得到 $k$ 的值。根据图 8.8 所示的结果，可以用阿仑尼乌斯方程计算出钒和铬的表观活化能。图 8.9 的结果显示，钒的 $E_a$ 计算为 15.37kJ/mol，说明钒浸出的控制步骤为反应物通过固体产物层的扩散过程，而铬浸出的 $E_a$ 计算为 39.78kJ/mol，表明其浸出过程受表面化学反应的控制。计算结果表明，钒比铬更容易提取，这一发现与前文分析结果一致。与前人的研究结果相比，通过高锰酸钾氧化浸出工艺提取钒的效果是较好的，然而对于铬的提取，高锰酸钾可能不是一个合适的选择。

$$\ln k = \ln A - E_a/(RT) \tag{8.25}$$

其中，$E_a$ 为表观活化能；$A$ 为指前因子；$R$ 为摩尔气体常数。

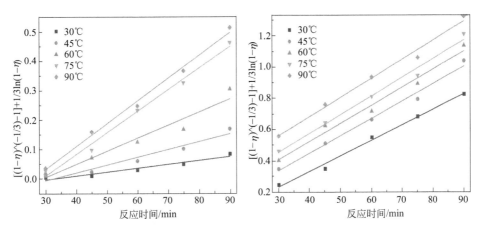

图 8.8　不同反应温度下的钒铬浸出动力学图

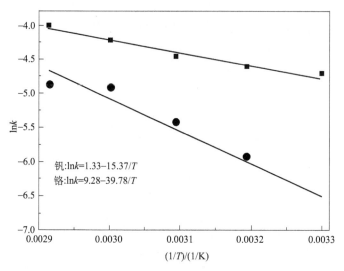

图 8.9 反应速率常数与钒的倒数温度的自然对数

## 8.4 结论

钒铬滤饼富含大量的钒和铬，是一种重要的钒铬资源。本书以高锰酸钾为氧化剂，对钒铬滤饼的碱性浸出过程进行强化，得到了以下结论：

① $E$-pH 值图和热力学分析表明，高锰酸钾适用于钒铬滤饼中钒和铬的氧化-浸出。在最佳反应条件下，钒的浸出率高达 97.24%，铬的浸出率为 56.20%；反应温度 90℃，反应时间 90min，高锰酸钾 0.4g$KMnO_4$/g 钒铬滤饼，氢氧化钠 0.3gNaOH/g 钒铬滤饼，液固比 5mL/g。

② 与低价钒相比，低价铬较难浸出。在含有 $KMnO_4$ 的浓 NaOH 溶液中，钒铬滤饼中钒和铬的氧化-浸出行为分别由反应物通过固体产物层和表面化学反应控制，钒和铬的浸出表观活化能分别为 15.37kJ/mol 和 39.78kJ/mol。

# 第9章

# 过硫酸盐氧化钒铬滤饼湿法浸出实验研究

## 9.1 引言

本章主要是利用重铬酸钾的强氧化性实现钒铬滤饼中低价钒的湿法氧化浸出。实验研究了反应时间、反应温度、氢氧化钠用量以及重铬酸钾用量对浸出过程的影响,利用响应曲面法对相关反应条件进行了优化,同时对钒铬滤饼的浸出动力学行为进行了研究。

## 9.2 实验过程

### 9.2.1 实验预处理

钒铬滤饼含水率较高,需要进行干燥、研磨等预处理。将钒铬滤饼在烘箱中恒温(120℃)干燥24h,再用球磨机磨细至200目以下,得到实验所用钒铬滤饼样品(所用样品与第6章相同)。

### 9.2.2 实验步骤

量取适量配好的NaOH溶液置于洗净烘干后的烧杯中,将该烧杯置于恒温水浴锅中。待烧杯中温度达到实验设定温度值后,将事先称量好的钒铬滤饼和按照一定质量比称量好的重铬酸钾倒入烧杯中,在恒定的转速下搅拌反应。反应结束后,停止搅拌,采用循环水式多用真空泵进行抽滤得到滤渣和滤液。滤渣烘干后待用,量取滤液体积,并采用高锰酸钾-硫酸亚铁铵滴定法测量滤液中钒离子浓度,并计算钒的浸出率。

## 9.3 结果与讨论

### 9.3.1 过硫酸钠用量的影响

实验研究了过硫酸钠用量对浸出过程的影响,实验过程中其他条件保持不变:0.3gNaOH/g 钒铬滤饼,反应温度 90℃,反应时间为 60min 和搅拌转速 500r/min。分别设置 $Na_2S_2O_8$ 用量为 0.1、0.2、0.3、0.4 和 0.5 ($gNa_2S_2O_8$/g 钒铬滤饼),实验结果如图 9.1 所示。从图中结果可以看出过硫酸钠与钒铬滤饼质量比对浸出过程有显著正向影响。在钒的碱性浸出过程中加入 $Na_2S_2O_8$ 使得浸出率从 56.3% 提高到 96.3%。在浸出过程中,$Na_2S_2O_8$ 被加热并分解生成的 $SO_4·$ 具有高氧化性。低价钒在溶液中接触 $SO_4·$ 被氧化成具有高溶解度的 $VO_4^{3-}$ 而溶出。因此,随着 $Na_2S_2O_8$ 用量的不断增加,产生的 $SO_4·$ 随之不断增加,意味着 $Na_2S_2O_8$ 的剂量越高钒

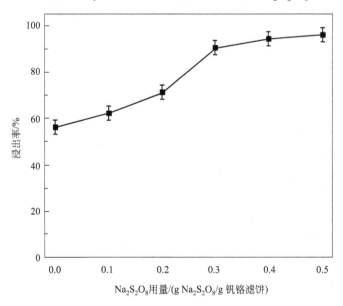

图 9.1 过硫酸钠用量对浸出率的影响

的碱性氧化浸出率越高。因此，在进一步的实验中，以 0.5g$Na_2S_2O_8$/g 钒铬滤饼作为最佳条件。

### 9.3.2 氢氧化钠用量的影响

实验研究了氢氧化钠用量对浸出过程的影响，其他条件保持不变：0.5g$Na_2S_2O_8$/g 钒铬滤饼，反应温度为 90℃，反应时间为 60min，搅拌转速为 500r/min。图 9.2 所示的实验数据显示，随着 NaOH 用量从 0.05gNaOH/g 钒铬滤饼增加到 0.3gNaOH/g 钒铬滤饼，钒的浸出率从 31.1% 显著提高到 96.3%，表明增强溶液的碱性可以促进钒的氧化浸出反应。因此，后续实验过程中选择 0.3gNaOH/g 钒铬滤饼为最佳反应条件。

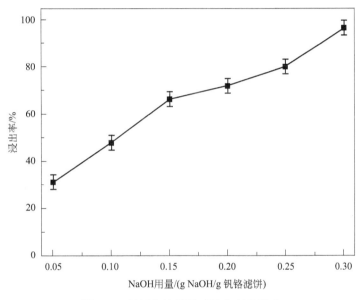

图 9.2　氢氧化钠用量对浸出率的影响

### 9.3.3 反应温度的影响

实验研究了反应温度对反应过程的影响，实验过程中其他条件保持不变：0.3gNaOH/g 钒铬滤饼，0.5g$Na_2S_2O_8$/g 钒铬滤饼，反应时间为 60min，搅拌转速为 500r/min。反应时反应温度分别设置为 30℃、45℃、60℃、75℃和 90℃。由图 9.3 所示的结果可以看出，随着反应温度的升高，钒的浸出率明显提高，在 90℃的反应温度下达到 96.3%。提高反应温度可以提高分子的活性，增强反应强度，促进钒的氧化反应的发生，从而有利于钒的浸出。因此选择 90℃作为后续实验的最佳的反应温度。

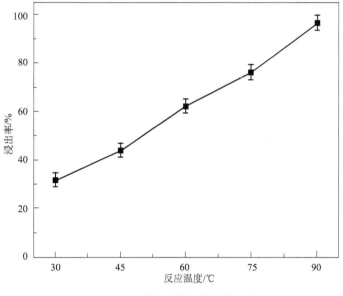

图 9.3 反应温度对浸出率的影响

### 9.3.4 反应时间的影响

实验研究了反应时间对钒浸出过程的影响，实验过程中其他反应条件保持不变：反应温度为 90℃，$0.5gNa_2S_2O_8/g$ 钒铬滤饼，$0.3gNaOH/g$ 钒

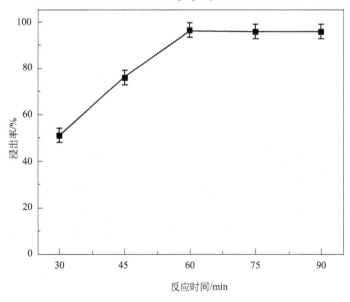

图 9.4 反应时间对浸出率的影响

铬滤饼，搅拌转速为500r/min。实验过程中反应时间分别设置为30min、45min、60min、75min和90min。反应时间的增加可以使得钒铬滤饼与NaOH和$Na_2S_2O_8$有充足的接触时间，钒铬滤饼中的低价钒可以被充分氧化。实验结果表示大多数钒能在60min内浸出，钒的浸出率从30min的51.1%提高到60min的96.3%。然而，从图9.4中观察到，当反应时间在60min以上时，钒的浸出率略有下降（反应时间为90min时为95.5%）。有可能是由于高温高碱性介质中反应时间长，形成了一些不溶性的钒化合物，导致钒的浸出率降低。因此，钒的碱性氧化浸出最佳反应时间为60min。

### 9.3.5 液固比的影响

液固比也是浸出过程中的一个影响因素，影响溶液黏度和固液传质。因此，研究了液固比对浸出过程的影响，而其他反应条件固定：反应温度为90℃，0.3gNaOH/g钒铬滤饼，0.5g$Na_2S_2O_8$/g钒铬滤饼，反应时间为60min，搅拌转速为500r/min。实验结果如图9.5所示，当液固比从3mL/g增加到5mL/g时，钒的浸出率从78.6%略微提高到96.3%，增长幅度不太大。这一结果可能是由于实验选择的钒铬滤饼粒度足够小，当钒铬滤饼颗粒与过量的浸出剂接触良好时，浸出过程取决于典型的热力学参数，包括NaOH的用量和反应温度，但较少取决于包括液固比在内的动力学参数。为了节能起见，选择了5mL/g的最佳液固比。

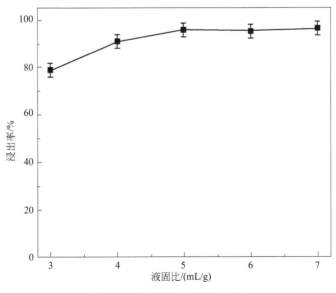

图9.5 液固比对浸出率的影响

## 9.4 响应面分析

单因素实验只是考察了一个因素的影响，但忽略了其他因素之间的相互作用，本书用响应曲面法对实验结果进行了分析拟合。在软件拟合过程中，相关实验参数分别设置为：A. 液固比；B. 氢氧化钠用量；C. 过硫酸钠用量；D. 反应时间；E. 反应温度。响应值为钒的浸出率（$\eta$）。实验参数实际值详见表9.1。

表9.1 自变量和因素水平

| 独立变量 | 单位 | 水平 | | |
|---|---|---|---|---|
| | | −1 | 0 | 1 |
| A. 液固比 | mL/g | 3 | 5 | 7 |
| B. NaOH 用量 | 1 | 0.5 | 1.75 | 3.00 |
| C. $Na_2S_2O_8$ 用量 | 1 | 1 | 3 | 5 |
| D. 反应时间 | min | 30 | 60 | 90 |
| E. 反应温度 | ℃ | 30 | 60 | 90 |

实验用方根来表示模拟结果，如式(9.1) 所示：

$$\text{sqrt}(\eta) = 5.07 - 0.062*A + 2.11*B + 0.59*C + 0.078*D + 0.31*E + 0.72*AB + 1.26*AC + 0.16*AD + 0.77*AE + 0.028*BC + 0.15*BD + 0.55*BE - 0.017*CD - 0.65*CE - 0.033*DE - 0.18*A^2 - 0.54*B^2 + 0.27*C^2 + 0.12*D^2 - 1.08*E^2 \quad (9.1)$$

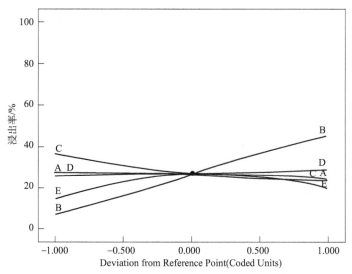

图9.6 设计空间中钒浸出率的扰动图

A、B、C、D 和 E 之前的系数表示参数对响应值（钒的浸出效率）的影响（图 9.6）。它们的系数分别为 $-0.062$、$2.11$、$0.59$、$0.078$ 和 $0.31$，证实了 B、C、D 和 E 对反应有正影响，而 A 则有负影响。因此，相关反应参数对钒浸出率的影响顺序为 B＞C＞E＞D＞A，表明 NaOH 用量对钒的浸出效率影响最大。

为了进一步评估模型对实验数据的拟合效果，图 9.7 分别显示了一些重要的数据图，包括内部研究残差（Internally Studentized Residual）与运行数（Run Number）、预测（Predicted）与实际（Actual）、内部研究残差（Internally Studentized Residual）与预测（Predicted）和正常概率（Normal Probability）与内部研究残差（Internally Studentized Residual）。图 9.7(a)，所有点大致集中在一条直线上，这说明误差项是正态分布的，并且与每个点无关。图 9.7(b) 和 (c)，无论是预测值还是 46 个实验的实验值，它们的残差随机分布在 +3.00 到 -3.00 之间，表明 Box-Behnken 模型成功地建立了自变量与浸出效率之间的关系。图 9.7(d)，点大致分布在斜率为 1 的直线上，表明该模型能够准确地预测实际值。

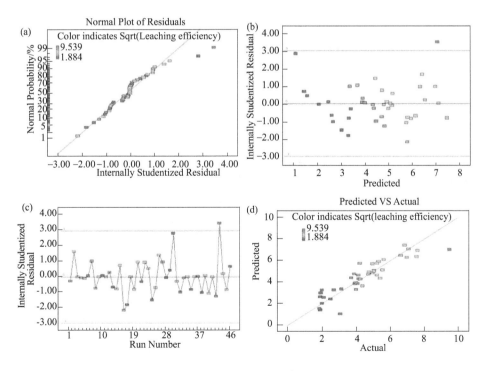

图 9.7 二次模型的数据图

## 9.5　动力学分析

缩芯模型常被用来描述固液反应过程的动力学行为,因此本书用缩芯模型对钒铬滤饼的浸出过程进行了分析。典型的三种动力学模型可以在表 9.2 中表示。

表 9.2　动力学模型

| 控制步骤 | 方程式 |
| --- | --- |
| 液体扩散 | $k_1 t = x$ |
| 固液层扩散 | $k_2 t = 1 - 2/3 x - (1-x)^{2/3}$ |
| 表面化学反应 | $k_3 t = 1 - (1-x)^{1/3}$ |

注:$x$ 为钒的浸出率,$k_1$、$k_2$、$k_3$ 为三种不同模型的表观速率常数,$t$ 是反应时间(min)。

用上述三个方程对实验数据进行了模拟,结果如图 9.8 所示,详细的模拟结果见表 9.3。从表 9.3 所示的结果可知,三个动力学模型中通过液膜的扩散回归系数最大,这意味着通过液膜的扩散是速率控制步骤。因此,选择表 9.2 中液体膜扩散模型来描述钒铬滤饼的浸出动力学过程。然后,可以根据 Arrhenius 方程计算出钒浸出反应的表观活化能,结果如图 9.9 所示。

$$\ln k = \ln A - E_a / (RT) \tag{9.2}$$

其中,$E_a$ 是表观活化能;$A$ 是指前因子;$R$ 是摩尔气体常数。

表 9.3　表观速率常数 $k_1$、$k_2$、$k_3$ 动力学模型和相关系数

| 参数 | 液膜扩散 | | 固液层扩散 | | 表面化学反应 | |
| --- | --- | --- | --- | --- | --- | --- |
| | $x$ | | $1 - 2/3x - (1-x)^{2/3}$ | | $1-(1-x)^{1/3}$ | |
| | $k_1/\min^{-1}$ | $R^2$ | $k_2/\min^{-1}$ | $R^2$ | $k_3/\min^{-1}$ | $R^2$ |
| 30℃ | 0.00578 | 0.9921 | 0.00025 | 0.8668 | 0.00220 | 0.9564 |
| 45℃ | 0.00777 | 0.9953 | 0.00053 | 0.8956 | 0.00310 | 0.9792 |
| 60℃ | 0.01101 | 0.9907 | 0.00120 | 0.8914 | 0.00506 | 0.9686 |
| 75℃ | 0.01361 | 0.9895 | 0.00227 | 0.9290 | 0.00710 | 0.9717 |
| 90℃ | 0.01554 | 0.9902 | 0.00459 | 0.8570 | 0.01143 | 0.9391 |

从图 9.9 中所示结果计算得出钒浸出的表观活化能为 15.57kJ/mol,说明浸出过程主要由液膜扩散控制,该结论与前文讨论结果一致。

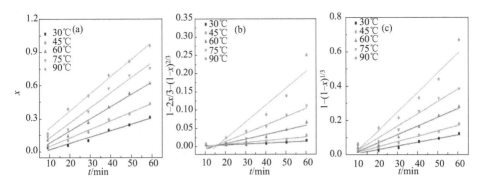

图 9.8 钒在不同反应温度下的浸出动力学图
(a) 通过液膜扩散；(b) 通过层扩散；(c) 表面化学反应

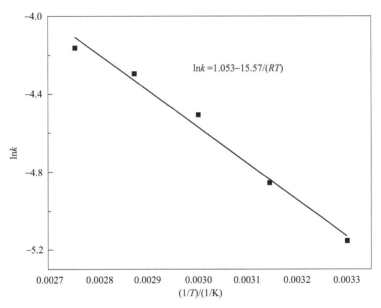

图 9.9 反应速率常数与温度的关系

## 9.6 本章小结

本书以过硫酸钠为氧化剂，对钒铬滤饼的碱性湿法浸出过程进行强化，得到了以下结论：

① 钒铬滤饼中低价钒在碱性条件下易被过硫酸钠氧化成高价溶出。在最佳反应条件下，钒的浸出率可达 96.3%；氢氧化钠用量为 0.3gNaOH/g 钒铬滤饼，反应时间为 60min，过硫酸钠用量为 0.5gNa$_2$S$_2$O$_8$/g 钒铬滤

饼，反应温度为90℃，液固比为5mL/g，搅拌速率为500r/min。

② 钒铬滤饼的浸出动力学行为分析结果表明液膜扩散是钒浸出反应的决速步骤，其浸出表观活化能为15.57kJ/mol。

③ 采用响应曲面法对各因素的相互作用进行了分析，结果表明氢氧化钠的用量、过硫酸钠的用量、反应温度和反应时间皆对钒的浸出有积极影响，而液固比则有负面影响。相关实验参数对钒浸出效率的影响依次为：NaOH用量(B)＞$Na_2S_2O_8$用量(C)＞反应温度(E)＞反应时间(D)＞液固比(A)。

# 第10章

# $H_2O_2$ 氧化钒铬滤饼湿法浸出实验研究

## 10.1 引言

钒铬滤饼中钒和铬主要以低价态的形式存在，在碱性条件下难以被直接浸出。研究者对多种液相氧化技术进行了研究，中科院过程所张懿院士提出的亚熔盐氧化技术可以将钒和铬的浸出率提高到 95% 和 90%，但是，亚熔盐氧化技术需要高浓度的强碱环境，高能耗，不适宜大规模应用。

$H_2O_2$ 作为一种清洁氧化剂广泛应用于有机废水、有机废渣等的处理工艺中。在本章中我们采用 $H_2O_2$ 作为氧化剂，在钒铬滤饼碱性浸出过程中充当氧化助浸剂，氧化低价钒铬化合物，实现钒铬滤饼的高效湿法浸出。实验研究了反应时间、$H_2O_2$ 用量、反应温度、NaOH 用量等反应参数对钒、铬浸出率的影响，并对其反应机理进行相应的探究。

## 10.2 实验过程

### 10.2.1 实验预处理

钒铬滤饼含水率较高，需要进行干燥、研磨等预处理。将钒铬滤饼在烘箱中恒温（120℃）干燥 24 h，再用球磨机磨细至 200 目以下，得到实验用钒铬滤饼样品（所用样品与第 6 章相同）。

### 10.2.2　实验步骤

量取适量配好的 NaOH 溶液置于洗净烘干后的烧杯中，然后将该烧杯置于恒温水浴锅中。待烧杯中温度达到实验设定温度后，将事先称量好的钒铬滤饼倒入烧杯中，并接通电源，在恒定的转速下搅拌反应。当反应结束后，停止搅拌，采用循环水式多用真空泵进行抽滤得到滤渣和滤液。滤渣烘干后待用，量取滤液体积，并采用第 2 章介绍的方法测量滤液中钒、铬离子浓度，并计算钒和铬的浸出率。

## 10.3　结果与讨论

### 10.3.1　反应机理

取少量反应浸出液和标准铬酸钠溶液，扫描其紫外吸收光谱，实验结果如图 10.1 所示。从图 10.1 中可以看到浸出液的紫外光谱与铬酸钠的紫外光谱的出峰位置完全重合，没有其他峰出现（五价钒没有明显的紫外吸收峰），说明浸出液中铬全部以 $CrO_4^{2-}$ 的形式存在。铬酸根具有强氧化性无法与低价钒离子共存，此时溶液中钒和铬皆以高价形式存在于溶液中。

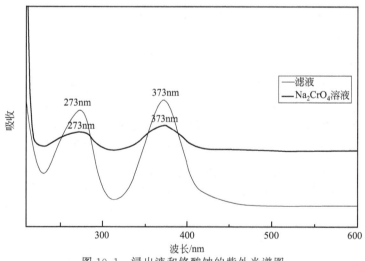

图 10.1　浸出液和铬酸钠的紫外光谱图

在浸出过程中，包裹在外层的硅酸盐与 NaOH 反应后，会将尖晶石结构暴露出来。钒铬滤饼中钒铬化合物之间的 Cr-O-V 键被破坏，以 $V^{3+}$、

$Cr^{3+}$ 的离子形式进入溶液中。在 NaOH 溶液反应介质中，$V^{3+}$、$Cr^{3+}$ 被 $H_2O_2$ 氧化成可溶性的高价钒离子（$VO_4^{3-}$）和铬离子（$CrO_4^{2-}$），反应模型示意图如图 10.2 所示。

$$2FeV_2O_4 + 12NaOH + 5H_2O_2 \longrightarrow Fe_2O_3 + 11H_2O + 4Na_3VO_4 \quad (10.1)$$

$$2FeCr_2O_4 + 8NaOH + 7H_2O_2 \longrightarrow Fe_2O_3 + 11H_2O + 4Na_2CrO_4 \quad (10.2)$$

$$Cr_2(SO_4)_3 + 10NaOH + 3H_2O_2 \longrightarrow 8H_2O + 2Na_2CrO_4 + 3Na_2SO_4 \quad (10.3)$$

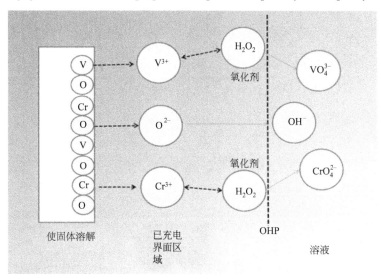

图 10.2 $H_2O_2$ 氧化模型示意图

## 10.3.2 反应热力学

根据物质在 298K 的 $\Delta H_{298}^{\ominus}$、$S_{298}^{\ominus}$ 及 $c_p$，可以计算化学反应在其他温度下的 $\Delta G_T^{\ominus}$。

$$\Delta G_T^{\ominus} = \Delta H_T^{\ominus} - T\Delta S_T^{\ominus} \quad (10.4)$$

式中：

$$\Delta H_T^{\ominus} = \Delta H_{298}^{\ominus} + \int_{298}^{T} \Delta c_p \, dT \quad (10.5)$$

$$\Delta S_T^{\ominus} = \Delta S_{298}^{\ominus} + \int_{298}^{T} \frac{\Delta c_p}{T} \, dT \quad (10.6)$$

式(10.5) 和式(10.6) 中：

$$\Delta H_T^{\ominus} = \sum v_i \Delta H_{298}^{\ominus} \quad (10.7)$$

$$\Delta S_T^{\ominus} = \sum v_i \Delta S_{298}^{\ominus} \quad (10.8)$$

$$\Delta c_p = \sum v_i c_p \quad (10.9)$$

式中，$v_i$ 为化学反应方程中物质的化学计量数。

合并式(10.4)、式(10.5) 和式(10.6)，得：

$$\Delta G_T^\ominus = \Delta H_{298}^\ominus - T\Delta S_{298}^\ominus + \int_{298}^T \Delta C_p \mathrm{d}T - T\int_{298}^T \frac{\Delta c_p}{T}\mathrm{d}T \quad (10.10)$$

式(10.10)可以改写成重积分形式：

$$\Delta G_T^\ominus = \Delta H_{298}^\ominus - T\Delta S_{298}^\ominus - T\int_{298}^T \frac{\mathrm{d}T}{T^2}\int_{298}^T \Delta c_p \mathrm{d}T \quad (10.11)$$

式中，热容 $c_p$ 的方程式为：

$$c_p = a + b\times 10^{-3}T + c\times 10^5 T^{-2} + d\times 10^{-6}T^2 \quad (10.12)$$

根据式(4.9)得：

$$\Delta c_p = \Delta a + \Delta b\times 10^{-3}T + \Delta c\times 10^5 T^{-2} + \Delta d\times 10^{-6}T^2 \quad (10.13)$$

合并式(10.11)和式(10.13)，得：

$$\Delta G_T^\ominus = \Delta H_{298}^\ominus - T\Delta S_{298}^\ominus - T\int_{298}^T \frac{\mathrm{d}T}{T^2}\int_{298}^T (\Delta a + \Delta b\times 10^{-3}T + \Delta c\times 10^5 T^{-2} + \Delta d\times 10^{-6}T^2)\mathrm{d}T \quad (10.14)$$

积分得到：

$$\Delta G_T^\ominus = \Delta H_{298}^\ominus - T\Delta S_{298}^\ominus - T\left\{\Delta a\left(\ln\frac{T}{298} + \frac{298}{T} - 1\right) + \Delta b\times 10^{-3}\left[\frac{1}{2T}(T-298)^2\right]\right.$$
$$\left. + \frac{\Delta c\times 10^5}{2}\left(\frac{1}{298} - \frac{1}{T}\right)^2 + \Delta d\times 10^{-6}\left(\frac{T^2}{6} + \frac{298^3}{3T} - \frac{298^2}{2}\right)\right\} \quad (10.15)$$

式中，各反应物和生成物的 $\Delta H_{298}^\ominus$、$\Delta S_T^\ominus$、$a$、$b$、$c$、$d$ 等均能从有关热力学手册中获得。

根据式(10.15)计算钒铬滤饼在浸出过程中主要反应的吉布斯自由能，并绘制 $\Delta G^\ominus$-$T$ 的关系图。从图10.3所示结果可以看出，在实验设定温度内，反应的 $\Delta G^\ominus < 0$，说明反应是可以自发进行的，且钒更容易被氧化。

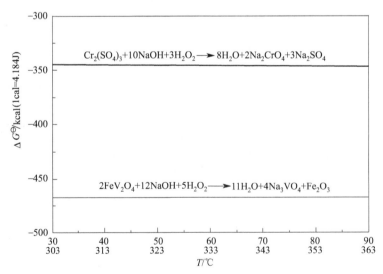

图10.3　钒铬滤饼氧化浸出过程中主要反应 $\Delta G^\ominus$-$T$ 关系图

## 10.3.3 NaOH用量对钒、铬浸出率的影响

从式(10.1)、式(10.2)和式(10.3)中可以看出在浸出过程中,NaOH作为主要的反应物,其用量对反应的进行有着很大的影响。实验研究了NaOH用量对钒和铬浸出率的影响,反应时其他实验条件保持不变,分别设置为:反应液固比4mL/g,钒铬滤饼颗粒尺寸保持在200目以下,$H_2O_2$用量为1.2mL $H_2O_2$/g 钒铬滤饼,反应温度为90℃,反应时间为120min。NaOH的用量分别设置为:0.2g NaOH/g 钒铬滤饼,0.4g NaOH/g 钒铬滤饼,0.6g NaOH/g 钒铬滤饼,0.8g NaOH/g 钒铬滤饼,1.0g NaOH/g 钒铬滤饼。实验结果如图10.4所示。

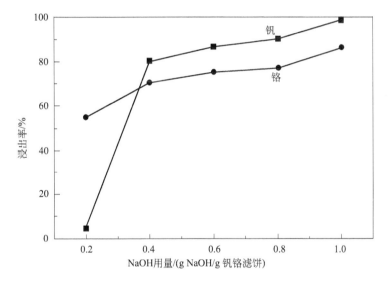

图10.4 NaOH用量对钒铬浸出率的影响

图10.4描述了NaOH用量对钒铬浸出率的影响。与图9.1所示结果相比,在反应时加入$H_2O_2$作为氧化剂可以大大提高钒和铬的浸出率。随着NaOH用量的增加,$OH^-$的反应活性大大增强,促进了氧化反应的发生和进行。当NaOH的用量小于0.4g NaOH/g 钒铬滤饼时,钒和铬的浸出率迅速增加,当NaOH用量超过0.4g NaOH/g 钒铬滤饼后,浸出率增加趋势减缓。随着NaOH用量的增加,溶液的碱度增大,盐溶出效应增强,反应介质的黏度也逐渐增大,减缓了传质速率和反应速率,使得钒和铬的氧化速率减缓。从图10.4所示的结果来看,当NaOH用量较多时有

利于钒和铬的浸出，选择 1.0 g NaOH/g 钒铬滤饼作为后续实验的最佳反应条件。

### 10.3.4 $H_2O_2$ 用量对钒、铬浸出率的影响

从前文实验结果可知，$H_2O_2$ 作为氧化剂，在反应过程中其用量对钒和铬的浸出起着至关重要的影响。设计实验研究了 $H_2O_2$ 用量对钒和铬浸出率的影响，反应时其他实验条件保持不变，分别设置为：反应时间为 120min，反应液固比 4mL/g，钒铬滤饼颗粒尺寸保持在 200 目以下，NaOH 用量为 1.0 g NaOH/g 钒铬滤饼，反应温度为 90℃。$H_2O_2$ 的用量设计为：0.2mL $H_2O_2$/g 钒铬滤饼，0.4mL $H_2O_2$/g 钒铬滤饼，0.6mL $H_2O_2$/g 钒铬滤饼，0.8mL $H_2O_2$/g 钒铬滤饼，1.0mL $H_2O_2$/g 钒铬滤饼。实验结果如图 10.5 所示。

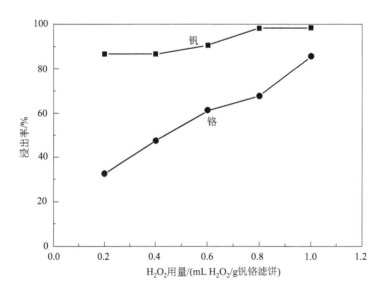

图 10.5　$H_2O_2$ 用量对钒铬浸出率的影响

由图 10.5 可知，钒的浸出率随着 $H_2O_2$ 用量的增加变化不大。当 $H_2O_2$ 用量从 0.2mL $H_2O_2$/g 钒铬滤饼增加到 1.0mL $H_2O_2$/g 钒铬滤饼时，钒的浸出率从 86.62% 增加到 98.60%，说明在碱性条件下，低价钒比较容易被氧化成高价钒溶出，即使氧化剂用量较小时，低价钒也容易被氧化溶出。

从前文实验可知，在非氧化性体系下，铬基本不浸出。从图 10.5 所示

的结果可以看到，$H_2O_2$ 的加入，大幅度提高了铬的浸出率。低价铬在 $H_2O_2$ 的氧化作用下，被氧化成 $CrO_4^{2-}$ 而溶出（图 10.1 和图 10.2），使得铬的浸出率增加。随着 $H_2O_2$ 用量的增加，铬的浸出率呈现线性增长的趋势，浸出率由 0.2mL $H_2O_2$/g 钒铬滤饼时的 32.67% 增加到 1.0mL $H_2O_2$/g 钒铬滤饼的 86.49%。

## 10.3.5 反应温度对钒、铬浸出率的影响

在反应过程中反应温度会影响反应介质的活度和传质速率，从而影响反应的进程。实验研究了反应温度对钒和铬浸出率的影响，反应时其他实验条件保持不变，分别设置为：反应时间为 120min，反应液固比 4mL/g，钒铬滤饼颗粒尺寸保持在 200 目以下，NaOH 用量为 1.0 g NaOH/g 钒铬滤饼，$H_2O_2$ 用量为 1.0mL $H_2O_2$/g 钒铬滤饼。反应温度分别设置为 30℃、45℃、60℃、75℃、90℃。实验结果如图 10.6 所示。

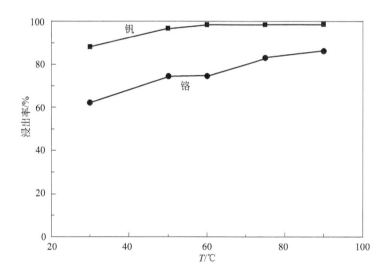

图 10.6 反应温度对钒、铬浸出率的影响

从图 10.6 中可以看到钒和铬的浸出率随着反应温度的升高逐渐增加。反应温度由 30℃增加至 60℃时，钒的浸出率由 88.4%增加至 98.6%，铬的浸出率由 62.4%增加到 74.7%。继续升高反应温度，钒的浸出率基本不增加，铬的浸出率增加到 86.5%，说明反应温度对铬的浸出行为影响较大。综合考虑钒和铬的浸出率，选择 90℃作为最佳的反应温度。

### 10.3.6 反应时间对钒、铬浸出率的影响

实验研究了反应时间对钒和铬浸出率的影响，实验结果如图 10.7 所示。反应过程中反应时间分别设置为 30min、60min、90min、120min。反应时其他实验条件保持不变，分别设置为：反应液固比 4mL/g，钒铬滤饼颗粒尺寸保持在 200 目以下，NaOH 用量为 1.0 g NaOH/g 钒铬滤饼，反应温度为 90℃，$H_2O_2$ 用量为 1.0mL $H_2O_2$/g 钒铬滤饼。

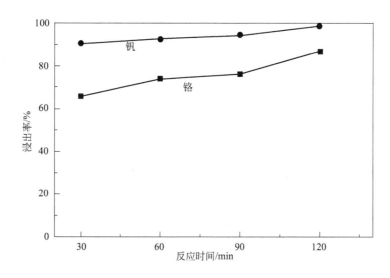

图 10.7 反应时间对钒、铬浸出率的影响

从图 10.7 所示的结果可以看出，随着反应时间的延长，钒和铬的浸出率都呈线性增加的趋势。当反应时间为 120min 时，钒和铬的浸出率分别为 98.6% 和 86.5%。如果继续延长反应时间，钒和铬的浸出率可能会继续增加，但会增加能耗以及设备耗损，综合考虑钒、铬的浸出率以及能耗情况，选择反应时间 120min 为最佳。

## 10.4 钒的浸出动力学行为

在电场强化钒铬滤饼湿法浸出过程中，钒的浸出率高达 91.7%，但铬几乎不浸出。为实现钒和铬的共同浸出，选择在碱性浸出过程中加入 $H_2O_2$ 作为氧化助浸剂。实验结果表明，在 $H_2O_2$ 的氧化作用下，钒和铬的浸出率分别提高到 98.60% 和 86.49%。本节对 $H_2O_2$ 氧化钒铬滤饼碱性湿法浸

出过程进行研究,分析钒的浸出动力学模型,并计算浸出反应中钒的表观活化能。

将实验所得的数据代入到式(3.18)、式(3.19)和式(3.20)中进行拟合计算,所得结果如表10.1所示。

表 10.1  反应速率常数和相关系数

| 温度/K | 液膜扩散控制 $x$ | | 固膜扩散控制 $1-2/3x-(1-x)^{2/3}$ | | 化学反应控制 $1-(1-x)^{1/3}$ | |
| --- | --- | --- | --- | --- | --- | --- |
| | $k_1$ /min$^{-1}$ | $R^2$ | $k_2$ /min$^{-1}$ | $R^2$ | $k_3$ /min$^{-1}$ | $R^2$ |
| 303.15 | 0.0007 | 0.8803 | 0.0003 | 0.9034 | 0.0009 | 0.8997 |
| 323.15 | 0.0006 | 0.9515 | 0.0005 | 0.9136 | 0.0011 | 0.9252 |
| 343.15 | 0.0008 | 0.9347 | 0.0007 | 0.9413 | 0.0014 | 0.9501 |
| 363.15 | 0.0010 | 0.9219 | 0.0008 | 0.9291 | 0.0016 | 0.9687 |

$H_2O_2$ 作为氧化剂,可以将钒铬滤饼中的低价钒氧化成高价钒而溶出,有效提高钒的浸出率,反应过程中 NaOH 溶液与 $H_2O_2$ 以及低价钒的反应是最重要的过程。表10.1所示的计算结果表明化学反应控制模型的线性相关度最好,其相关系数在三种模型中最高,该结果与实验结果一致。因此,选择化学反应控制模型作为适宜的动力学模型来描述钒铬滤饼中钒在 $H_2O_2$ 氧化碱性湿法浸出过程中的动力学行为。

将不同温度下钒的浸出率按照式(3.18)对时间 $t$ 作图得到如图10.8所

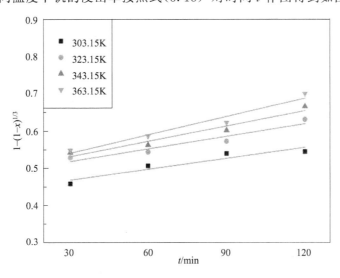

图 10.8  不同温度下钒的浸出动力学模型

示的结果。根据式(3.21)所示的阿仑尼乌斯公式，将表 10.1 中的数据对 $1/T$ 作图，结果如图 10.9 所示。根据图中所示的直线方程计算出钒浸出反应的表观活化能为 9.02kJ/mol。

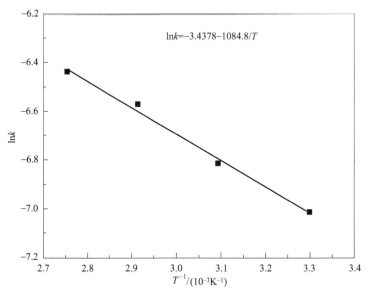

图 10.9　反应速率常数与温度的关系

## 10.5　本章小结

在钒铬滤饼的湿法浸出过程中，加入 $H_2O_2$ 作为氧化助浸剂，低价钒铬化合物的氧化浸出提高了钒铬滤饼中钒和铬的浸出率。通过实验，得到以下结论：

① 对钒铬滤饼浸出过程进行了热力学分析，绘制了钒铬滤饼湿法氧化浸出过程中主要化学反应的吉布斯自由能与温度的关系，分析了相关反应热力学的可能性，结果表明，浸出过程中低价钒铬化合物的氧化浸出反应在热力学上是可行的，且钒更容易被氧化。

② 实验研究了 NaOH 用量、$H_2O_2$ 用量、反应温度和反应时间等反应参数对钒和铬浸出率的影响，发现 NaOH 用量和 $H_2O_2$ 用量对钒铬浸出率影响较大，反应温度和反应时间的影响次之。反应条件设置为：反应液固比 4.0mL/g，钒铬滤饼颗粒小于 200 目，NaOH 用量 1.0g NaOH/g 钒铬滤饼，$H_2O_2$ 用量 1.0mL $H_2O_2$/g 钒铬滤饼，反应温度 90℃，反应时间为 120min，钒和铬浸出率分别为 98.6% 和 86.5%。

# 第11章

# 电场强化高铬钒渣湿法浸出实验研究

## 11.1 引言

钒作为重要的战略性资源,广泛应用于冶金、化工、航空航天、国防军事等核心领域,是国民经济发展和国家安全的重要保障基础。目前工业上钒和铬的湿法冶炼工艺主要为焙烧-浸提法,主要包括钠化焙烧、钙化焙烧以及无盐焙烧等。在焙烧过程中存在着能耗大、钒氧化转化率低、污染重等问题,需要对工艺进行改进和优化。

本章采用电场强化技术对转炉钒渣的湿法浸出过程进行强化,研究了相关反应参数对钒浸出率的影响。钒渣的主要成分如表11.1所示。

表 11.1 转炉钒渣的主要成分

| 化合物 | $V_2O_5$ | $Cr_2O_3$ | FeO | CaO | MgO |
| --- | --- | --- | --- | --- | --- |
| 质量分数/% | 9.7 | 10.2 | 24.7 | 2.4 | 13.89 |
| 化合物 | $SiO_2$ | $Al_2O_3$ | MnO | $TiO_2$ | |
| 质量分数/% | 25.76 | 10.3 | 1.61 | 2.78 | |

## 11.2 实验步骤

量取适量配好的 $H_2SO_4$ 溶液置于洗净烘干后的烧杯中,将该烧杯置于恒温水浴锅中,将四元合金电极(阳极和阴极的距离为 0.04m,电极工作面积为 $8cm^2$)插入烧杯中并固定。待烧杯中温度达到实验设定的温度值后,将事先称量好的高铬钒渣倒入烧杯中,并接通电源,在恒定的转速下搅拌反应。反应结束后,停止搅拌,采用循环水式多用真空泵进行抽滤得到滤渣和滤液。滤渣烘干后待用,量取滤液体积,并采用第 2 章介绍的方法测量滤液中钒、铬离子浓度,并计算钒和铬的浸出率。

## 11.3 结果与讨论

### 11.3.1 单因素实验

在转炉钒渣的酸性浸出过程中硫酸的浓度起着至关重要的作用,实验研究了硫酸浓度对钒浸出率的影响,实验结果如图 11.1 所示。从图中可以看到钒的浸出率随着硫酸浓度的增加而增加。转炉钒渣中钒以多价态形式赋存,其中高价钒在酸性条件下容易溶出,而低价钒则难以直接溶出,导致钒的浸出率一般低于 65%。图 11.2 所示的 SEM 图中也可以看到有很多微小的颗粒吸附在滤渣表面,这些颗粒会阻塞孔道从而降低钒渣的传质效率,导致钒的浸出率不高。因此为了获得较高的浸出率,需要采用一些强化手段对钒的浸出过程进行强化。

为了强化浸出过程从而提高钒的浸出率,经常会加入 $MnO_2$、$H_2O_2$、$KClO_3$ 等氧化物作为助浸剂。电催化氧化技术作为一种清洁技术也常被用来强化钒的浸出过程。本项目利用电场的强氧化性对转炉钒渣的浸出过程进行了强化,实验结果如图 11.3 所示,反应机理如图 11.4 所示。从图 11.3(a) 所示的结果可知,在电场的强化作用下,钒的浸出率有了显著性的提高。在电催化氧化浸出过程中,两种活性氧(羟基自由基和活性氧气)吸附在电极表面,转炉钒渣中的低价钒会被这些活性氧氧化而溶出。在电流密度为 $750A/m^2$ 的条件下,92.14% 的钒可以被氧化溶出。继续增大电流密度对钒的浸出率影响不大。

$$H_2O \longrightarrow H_2 + O_2 \tag{11.1}$$

$$H_2O \longrightarrow \cdot OH \tag{11.2}$$

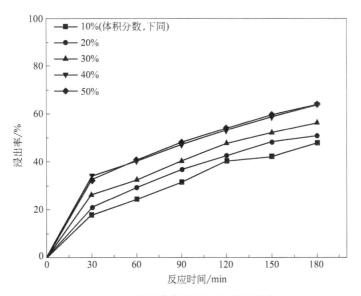

图 11.1 硫酸浓度对钒浸出率的影响

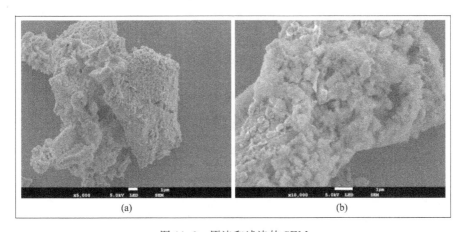

图 11.2 原渣和滤渣的 SEM
(a) 原渣；(b) 滤渣

$$Ca_2V_2O_5 + O_2/\cdot OH + H_2SO_4 \longrightarrow CaSO_4 + H_2O + (VO_2)_2SO_4 \tag{11.3}$$

$$Ca_2V_2O_7 + H_2SO_4 \longrightarrow CaSO_4 + H_2O + (VO_2)_2SO_4 \tag{11.4}$$

实验研究了反应温度对钒浸出率的影响，从图 11.3(c) 所示结果可以看到随着反应温度的增加，钒的浸出率得到了很大提升，在反应温度为 90℃时，钒的浸出率高达 92.14%。提升反应温度，可以增加原子和分子的活性，强化反应进度，促进反应的发生，因此，提升反应温度对钒的浸出过程有利。常规来说，温度越高，钒的浸出率也越高。

另外，在浸出过程中，反应介质的体积会影响溶液黏度和液固传质效率。实验研究了液固比对转炉钒渣浸出过程的影响。从图11.3(d)所示的结果可知，液固比对钒的浸出率影响不大，当液固比从2mL/g增加到4mL/g时，钒的浸出率仅仅从78.32%增加到92.14%。可能是因为反应选择的钒渣粒度较细，很容易混合均匀，使得钒渣能够与硫酸进行很好的接触。该浸出过程主要受电流密度和反应温度等热力学参数影响，液固比等动力学参数对其影响较小。

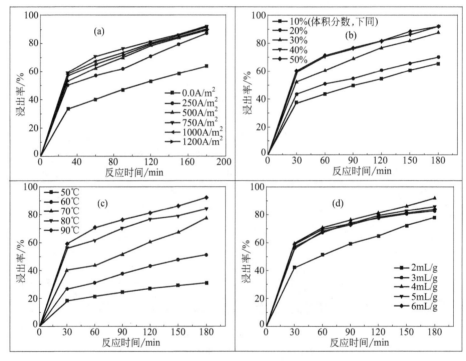

图11.3 相关反应参数对钒浸出率的影响
(a) 电流密度；(b) 硫酸浓度；(c) 反应温度；(d) 液固比

从以上分析结果可知，电流密度和反应温度对转炉钒渣的浸出过程影响最大。提升反应温度和硫酸浓度皆有利于钒的浸出。在以下最优条件下，钒的浸出率可达到92.14%：硫酸浓度为40%（体积分数），电流密度为750A/m²，反应温度为90℃，反应时间为180min，钒渣粒度为75μm，反应液固比为4mL/g以及搅拌转速为500r/min。

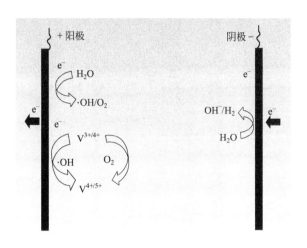

图 11.4 电场强化浸出机理

## 11.3.2 钒渣表征

转炉钒渣以及不同温度下焙烧的钒渣的 XRD 谱图如图 11.5 所示。从图 11.5 所示结果可以清晰看到，在转炉钒渣未焙烧渣中，主要物相为 $FeV_2O_4$ 和 $CaFe(Si_2O_6)$，说明转炉钒渣中钒主要以三价形式存在。但是表 11.2 所示的 XPS 分析结果则显示转炉钒渣中钒主要以三价和五价形式存在，四价的钒仅占 18.44%，说明少部分钒化合物无法通过 XRD 检测出来。在钙化焙烧过程中，出现了大量新物相（$Ca_2V_2O_5$ 和 $Ca_2V_2O_7$）。当焙烧温度低于 450℃ 时，没有新物相出现。随着焙烧温度的增加，新的物相慢慢开始出现。最开始是在焙烧温度为 500℃ 时，$Ca_2V_2O_7$ 开始出现。随着温度继续升高，没有其他新物相生成，但 $Ca_2V_2O_5$ 和 $Ca_2V_2O_7$ 的特征峰变得更加尖锐和清晰，说明这两种物相的晶型变得更加稳固。表 11.2 和图 11.6 所示的 XPS 结果表明在焙烧渣中仍然有 9.55% 的三价钒存在，四价钒和五价钒的比例分别为 34.12% 和 56.33%，说明在焙烧过程中，大量的低价钒被氧化成了高价钒。而硫酸亚铁铵滴定结果显示电场强化浸出液中四价钒和五价钒的比例为 8.42% 和 91.58%，说明在浸出过程中，低价钒都被电场氧化成了高价钒而溶出。

$$FeV_2O_4 \longrightarrow FeO + V_2O_3 \tag{11.5}$$

$$V_2O_3 + 2CaO \longrightarrow Ca_2V_2O_5 \tag{11.6}$$

$$2V_2O_3 + O_2 \longrightarrow 2V_2O_4 \tag{11.7}$$

$$2V_2O_4 + 4CaO + O_2 \longrightarrow 2Ca_2V_2O_7 \tag{11.8}$$

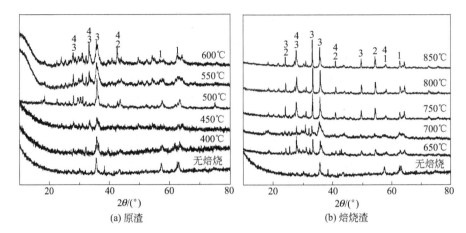

图 11.5 转炉钒渣原渣和不同温度焙烧渣的 XRD 谱图
1—$FeV_2O_4$；2—$Ca_2V_2O_5$；3—$CaFe(Si_2O_6)$；4—$Ca_2V_2O_7$

表 11.2　XPS 分析结果　　　　　　　　单位:%

| 项目 | V(Ⅲ) | V(Ⅳ) | V(Ⅴ) |
|---|---|---|---|
| 原高铬钒渣 | 39.27 | 18.44 | 42.29 |
| 焙烧后高铬钒渣 | 9.55 | 34.12 | 56.33 |
| 浸出液 | — | 8.42 | 91.58 |

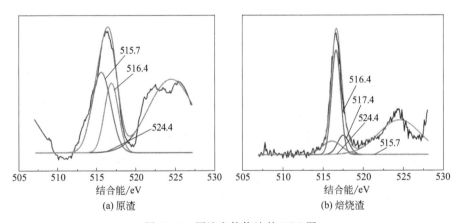

图 11.6　原渣和焙烧渣的 XPS 图

总的来说，钒的氧化分两个步骤。第一步则是焙烧过程中，大量的三价钒被氧化成四价和五价，以 $Ca_2V_2O_5$ 和 $Ca_2V_2O_7$ 的形式赋存。第二步则是在电场强化浸出过程中，大部分低价钒被氧化成五价而溶出。钒的总浸出率达到 92.14%。

## 11.4 浸出动力学行为

由于反应温度较低,在湿法冶金过程中,反应介质中粒子的扩散速率和反应速率都比较慢,很难达到平衡状态。而在实际工业生产过程中,反应的最终结果往往不是决定于热力学条件,而是决定于动力学条件,即反应的速度。为了弄清影响浸出速度的因素和浸出过程的控制步骤,为强化浸出过程、提高浸出率指明方向,需要对矿物浸出过程中的动力学行为进行研究。在研究矿物的浸出动力学行为时,最方便的方式是用数学方程去进行描述,比较典型的是收缩粒子模型和收缩核心模型。

在对转炉钒渣湿法浸出过程的动力学行为进行研究时,会将收缩核心模型和收缩粒子模型都考虑进去,并对模型进行简化,认为在浸出过程中的速率控制步骤有三种情况:一是反应物穿过极限边界层的扩散(外扩散);二是浸出剂穿过固体产物层的扩散(内扩散);三是表面化学反应。假设钒铬滤饼颗粒为球形,当浸出过程受表面化学反应控制时,可用下式来描述浸出动力学行为:

$$1-(1-x)^{1/3}=k_r t \tag{11.9}$$

当浸出剂穿过极限边界层的扩散是速率控制步骤时(液膜扩散),用下式来描述浸出动力学行为:

$$x=k_r t \tag{11.10}$$

当浸出剂穿过固体产物层的扩散是速率控制步骤时(固膜扩散),用下式来描述浸出动力学行为:

$$1-2/3x-(1-x)^{2/3}=K_d t \tag{11.11}$$

式(11.10)和式(11.11)中:

$$k_r=\frac{k_c M_B c_A}{\rho_B \sigma r_0}, k_d=\frac{2 M_B D c_A}{\rho_B \sigma r_0^2}$$

式中 $t$——浸出时间,min;

$k_c$——动力学常数,cm/min;

$M_B$——固体反应物的摩尔质量,g/mol;

$c_A$——浸出剂浓度,mol/m³;

$\rho_B$——固体颗粒密度,kg/m³;

$\sigma$——化学计量常数,无量纲;

$r_0$——固体颗粒初始半径,cm;

$D$——扩散系数,cm²/s;

$x$——浸出率。

根据式(11.9)～式(11.11)的拟合结果确定转炉钒渣浸出动力学模型，然后根据式(11.12)所示的阿仑尼乌斯公式可以计算出浸出过程中的反应活化能。

$$\ln k = \ln A - E_a/(RT) \qquad (11.12)$$

式中 $E_a$——反应活化能，kJ/mol；

$A$——指前因子；

$R$——摩尔气体常数，kJ/(mol·K)；

$T$——热力学温度，K；

$k$——反应速率常数，$\min^{-1}$。

将实验所得数据根据式(11.9)～式(11.11)进行拟合，所得结果如表11.3所示。从表11.3所示的结果可知，式(11.9)的相关系数最高，说明式(11.9)更适合用来描述转炉钒渣的碱性浸出过程。

因此，转炉钒渣浸出过程的决速步骤为钒渣表面与硫酸的化学反应。将不同温度下的反应速率常数和相关温度通过式(11.12)所示的阿仑尼乌斯公式进行拟合，实验结果如图11.7所示。从图中所示结果可知，转炉钒渣浸出的反应活化能为40.11kJ/mol。

表11.3 反应常数 $k_1$、$k_2$、$k_3$ 和相关系数

| 温度/℃ | 液膜扩散控制 | | 固膜扩散控制 | | 化学反应控制 | |
| --- | --- | --- | --- | --- | --- | --- |
| | $x$ | | $1-2/3x-(1-x)^{2/3}$ | | $1-(1-x)^{1/3}$ | |
| | $k_1/\min^{-1}$ | $R^2$ | $k_2/\min^{-1}$ | $R^2$ | $k_3/\min^{-1}$ | $R^2$ |
| 50 | 0.000862 | 0.9292 | 0.000058 | 0.9488 | 0.000348 | 0.9924 |
| 60 | 0.001690 | 0.9389 | 0.000207 | 0.9324 | 0.000791 | 0.9938 |
| 70 | 0.002540 | 0.9121 | 0.000597 | 0.9115 | 0.001560 | 0.9929 |
| 80 | 0.001900 | 0.9377 | 0.000663 | 0.9545 | 0.001480 | 0.9943 |
| 90 | 0.002050 | 0.9245 | 0.000921 | 0.9800 | 0.001950 | 0.9932 |

从前文所示结果可知，转炉钒渣的浸出过程受硫酸浓度、电流密度、反应温度和反应液固比影响较大。将这些反应参数与反应速率组合在一起可以得到式(11.13)所示的反应速率求解公式。

$$k = k_0 \cdot [H_2SO_4]^a \cdot [J]^b \cdot [T]^c \cdot [L/S]^d \cdot \exp[-E_a/(RT)] \cdot t$$
$$(11.13)$$

将式(11.9)、式(11.12)和式(11.13)进行组合化简，可得式(11.14)。

$$1-(1-x)^{1/3} = k_0 \cdot [H_2SO_4]^a \cdot [J]^b \cdot [T]^c \cdot [L/S]^d \cdot \exp[-E_a/(RT)] \cdot t$$
$$(11.14)$$

将式(11.14)分别取对数可以求得式中相关指数的具体值。从图11.8

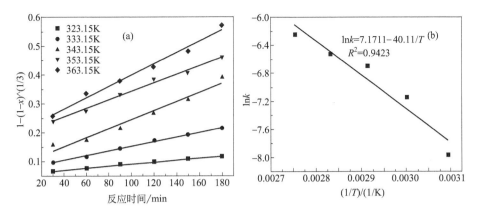

图 11.7 动力学曲线

(a) 不同反应温度下钒的浸出动力学曲线；(b) 反应速率常数的自然对数与温度的关系

所示的结果可知，相关指数的计算结果分别为 $a=0.1390$，$b=0.03354$，$c=2.8247$，$d=-0.2598$。因此，电场强化转炉钒渣浸出的数理模型为：

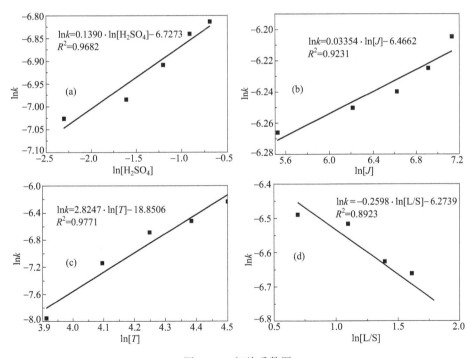

图 11.8 相关系数图

(a) 硫酸浓度；(b) 电流密度；(c) 反应温度；(d) 液固比

$$1-(1-x)^{(1/3)}=k_0 \cdot [H_2SO_4]^{0.1390} \cdot [J]^{0.03354} \cdot$$

$$[T]^{2.8247} \cdot [L/S]^{-0.2598} \cdot \exp^{40.11/T} \cdot t \qquad (11.15)$$

## 11.5 本章小结

本项目利用电催化氧化技术对转炉钒渣的碱性湿法浸出过程进行强化，获得了以下结论：

① 转炉钒渣中钒以多价态形式赋存，在钙化焙烧过程中，低价的三价钒被氧化成四价钒和五价钒，以 $Ca_2V_2O_5$ 和 $Ca_2V_2O_7$ 的形式赋存。

② 电场可以有效强化转炉钒渣的浸出过程，并提高钒的浸出率。在以下最优条件下，钒的浸出率可达到 92.14%：硫酸浓度为 40%（体积分数），电流密度为 750A/$m^2$，反应温度为 90℃，反应时间为 180min，钒渣粒度为 75μm，反应液固比为 4mL/g 以及搅拌转速为 500r/min。

③ 通过对转炉钒渣的浸出动力学行为进行分析发现，钒渣与硫酸的表面化学反应为浸出过程的决速步骤，钒的浸出反应活化能为 40.11kJ/mol。电场强化转炉钒渣湿法浸出的数理模型可以用下式描述。

$$1-(1-x)^{1/3} = k_0 \cdot [H_2SO_4]^{0.1390} \cdot [J]^{0.03354} \cdot [T]^{2.8247} \cdot [L/S]^{-0.2598} \cdot \exp^{40.11/T} \cdot t$$

# 第12章

# 三聚氰胺吸附钒离子行为研究

## 12.1 引言

溶液中钒的提取方法包括水解沉淀法、铵盐沉淀法、离子交换法、溶剂萃取法等。但是水解沉淀法得到的产物纯度较低，耗酸量大；铵盐沉淀法虽是工业上的主流工艺，但会产生大量的 $NH_4^+$-N 废水；溶剂萃取法和离子交换法虽然是两种比较高效的方法，但是由于实验条件的限制，难以规模化。

吸附法因其具有高效率、易操作、吸附剂易循环使用等特点被广泛应用于废水的处理工艺中。有机芳香类化合物因其独特的结构，常被用来吸附废水中的重金属离子，黄美荣等利用苯二胺合成了聚合物来处理废水中的银离子和铅离子，取得了较好的吸附效果。同时，他们将三聚氰胺用于含银废水的处理，实验结果表明三聚氰胺因其独特的结构特点，对重金属离子表现出了良好的吸附性能。在30℃时，三聚氰胺对银离子的吸附容量可达到820mg/g，且表现出了较快的吸附速度，在0.5h后即可达到饱和吸附容量的91%以上。三聚氰胺对其他重金属阳离子，如铅和铜也具有较好的吸附效果。

本章拟采用三聚氰胺作为吸附剂，用于处理含钒溶液中的钒离子。实验研究了溶液初始 pH 值、三聚氰胺用量、反应时间以及反应温度等参数对三聚氰胺吸附率和吸附容量的影响，并对吸附过程中的热力学模型和动力学行为进行了研究。

## 12.2 实验过程

称取一定量的正钒酸钠固体置于烧杯中，加入少量蒸馏水搅拌溶解得到正钒酸钠溶液。用硫酸溶液调节正钒酸钠溶液的 pH 值。将上述装有正钒酸钠溶液的烧杯置于恒温水浴锅内，待温度上升到反应设定温度时，向烧杯中加入事先称量好的三聚氰胺固体，搅拌反应。反应结束后，进行真空抽滤得到滤液和沉淀。采用第 2 章介绍的方法测定滤液中钒的含量，并根据式(12.1) 计算三聚氰胺对钒的吸附率（后文简称吸附率），式(12.2) 计算三聚氰胺对钒的吸附容量（后文简称吸附容量）。

$$\eta = \frac{m_2 - m_1}{m_2} \times 100\% \tag{12.1}$$

$$Q = \frac{m_2 - m_1}{m_3} \tag{12.2}$$

式中，$\eta$ 为三聚氰胺对钒的吸附率；$m_1$ 为滤液中钒的质量，mg；$m_2$ 为正钒酸钠溶液中钒的质量，mg；$m_3$ 为反应时加入的三聚氰胺的质量，g；$Q$ 为三聚氰胺的吸附容量，mg 钒/g 三聚氰胺。

## 12.3 实验结果与讨论

### 12.3.1 反应机理

三聚氰胺分子中含有三个自由的氨基和三个带有孤对电子的氮原子，从结构上分析，其对重金属离子具有较大的吸附潜力，可以作为吸附剂来处理废水中的重金属离子。黄美荣等研究发现三聚氰胺对银离子、铅离子和铜离子表现出了良好的吸附性能，其作为一种价廉易得的优良吸附剂，在含银废液处理与回收领域具有广阔的应用前景。反应时，三聚氰胺与银离子的反应属于固体颗粒在金属离子溶液中的吸附过程，而不是处于溶液状态的反应过程，因此，两者处于分子级的接触有限。另外，三聚氰胺与银离子之间还可能存在络合吸附，从而可推断三聚氰胺对银离子的吸附除了普通的物理吸附外，还存在化学吸附，并且化学吸附占主要地位。其反应过程可用式(12.3) 和式(12.4) 来描述：

络合吸附反应：

$$\text{三聚氰胺} + Ag^+ \longrightarrow \text{Ag-三聚氰胺络合物} \tag{12.3}$$

氧化还原反应：

$$\text{三聚氰胺} + Ag^+ \longrightarrow \text{—NH}_2Ag^{+\cdot} \tag{12.4}$$

在三聚氰胺处理含钒溶液中，酸性钒溶液中钒离子主要以阳离子形式存在，也可以发生类似式(12.3) 和式(12.4) 所示的反应，如式(12.5) 和式(12.6) 所示：

$$\text{三聚氰胺} + VO_2^+ \longrightarrow \text{—NH}_2VO_2^{+\cdot} \tag{12.5}$$

$$\text{三聚氰胺} + VO_2^+ \longrightarrow \text{VO}_2\text{-三聚氰胺络合物} \tag{12.6}$$

将三聚氰胺吸附钒离子之后得到的沉淀烘干，测定其红外谱图，实验结果如图 12.1 所示。从图中可以发现三聚氰胺在吸附钒离子之后，仍然保留了之前的结构，并且在反应之后在 $960 \text{cm}^{-1}$ 多了一个吸附峰，查阅文献可知，此处为 V=O 的特征吸收峰，该结果与式(12.5) 和式(12.6) 所示结果吻合。

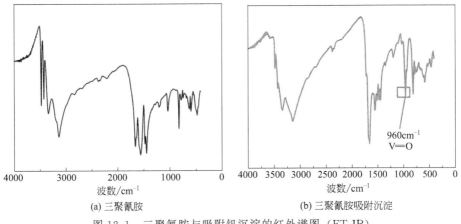

(a) 三聚氰胺　　　　　　　　(b) 三聚氰胺吸附沉淀

图 12.1　三聚氰胺与吸附钒沉淀的红外谱图 (FT-IR)

## 12.3.2 溶液 pH 值对吸附率和吸附容量的影响

溶液的 pH 值对钒离子的存在形态有很大的影响，实验研究了含钒溶液的初始 pH 值对吸附率和吸附容量的影响，实验结果如图 12.2、图 12.3 所示。反应时其他实验条件保持不变，分别设置为：吸附温度 90℃，钒初始浓度 10g/L，吸附时间 60min，三聚氰胺与钒的摩尔比为 $n$（三聚氰胺）/$n$（钒）＝0.2。

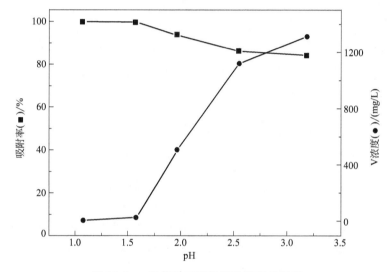

图 12.2　pH 值对三聚氰胺吸附率的影响

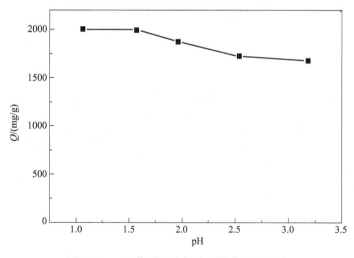

图 12.3　pH 值对三聚氰胺吸附容量的影响

从图 12.2 和图 12.3 所示的结果中可以看到，随着含钒溶液初始 pH 值的增大，吸附率和吸附容量逐渐降低。在 pH 值小于 1.5 时，吸附率高达 99.9%，此时吸附容量高达 1999.5mg 钒/g 三聚氰胺；当溶液 pH 值增大到 3.18 时，吸附率降低到 84.19%，吸附容量降低为 1677.9mg 钒/g 三聚氰胺。从图 12.4 中可以看到，当溶液 pH 值小于 1.5 时，溶液中的钒离子主要以 $VO_2^+$ 的形式存在，此时钒离子容易被三聚氰胺吸附，吸附容量高达 1999.5mg 钒/g 三聚氰胺。随着溶液 pH 值的增大，溶液中的 $VO_2^+$ 形态发生变化，慢慢发生聚合，形成多聚态的阴离子，如 $V_{10}O_{26}(OH)_2^{4-}$、$V_{10}O_{27}(OH)^{5-}$ 等。三聚氰胺对钒离子的吸附能力减弱，使得吸附率和吸附容量逐渐降低。为了得到较高的吸附率，需要将含钒溶液的 pH 值保持在较低的 pH 值范围内。

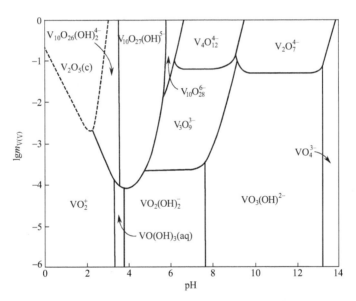

图 12.4　溶液中钒的存在形态与 pH 值和钒浓度的关系（25℃）

## 12.3.3　三聚氰胺用量对吸附率和吸附容量的影响

三聚氰胺作为反应吸附剂，其用量对吸附反应的顺利进行有着很大的影响。实验研究了三聚氰胺用量对吸附率以及吸附容量的影响。反应时三聚氰胺的用量分别设置为 $n$(三聚氰胺)/$n$(钒)=0.2、$n$(三聚氰胺)/$n$(钒)=0.4、$n$(三聚氰胺)/$n$(钒)=0.6、$n$(三聚氰胺)/$n$(钒)=0.8、$n$(三聚氰胺)/$n$(钒)=1.0，其他反应条件保持不变，分别设置吸附温度为 90℃，钒初始浓度为 10g/L，吸附时间为 60min，溶液初始 pH 值为 1.18。实验结果如图

12.5 和图 12.6 所示。

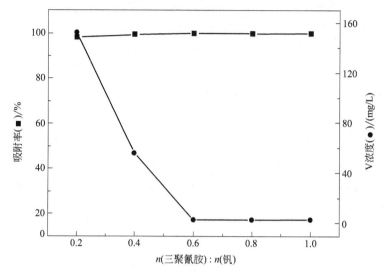

图 12.5　三聚氰胺用量对三聚氰胺吸附率的影响

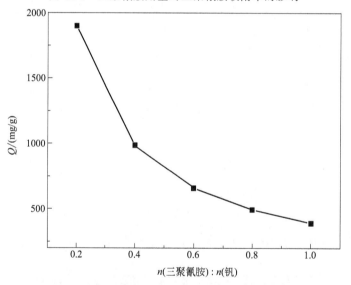

图 12.6　三聚氰胺用量对三聚氰胺吸附容量的影响

从图 12.5 所示的结果可知，吸附率随着三聚氰胺用量的增加而增加。当三聚氰胺的用量为 $n(三聚氰胺)/n(钒)=0.2$，钒的吸附率为 98.4%，其用量继续增加到 $n(三聚氰胺)/n(钒)=1.0$ 时，吸附率增加为 99.9%，说明当三聚氰胺的用量足够多时，溶液中的钒可以被全部吸附。另外，由式 (12.2) 可知，随着三聚氰胺用量的大幅度增加，三聚氰胺对钒的吸附容量逐渐降低，与图12.6所示的结果相吻合。

## 12.3.4 吸附时间对吸附率和吸附容量的影响

在化工反应过程中，反应时间大大影响着反应的经济效益。实验研究了吸附时间对吸附率和吸附容量的影响。吸附时间分别设置为10min、20min、30min、40min、50min，其他反应条件保持不变，分别设置为：反应温度为90℃，钒初始浓度为10g/L，溶液初始pH值为1.18，三聚氰胺与钒的摩尔比为$n$(三聚氰胺)$/n$(钒)＝0.2。实验结果如图12.7和图12.8所示。

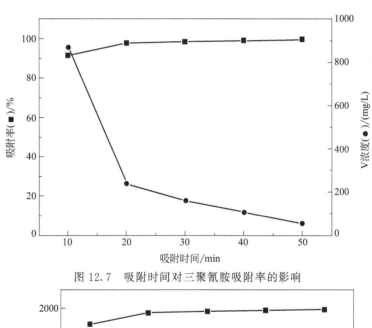

图12.7 吸附时间对三聚氰胺吸附率的影响

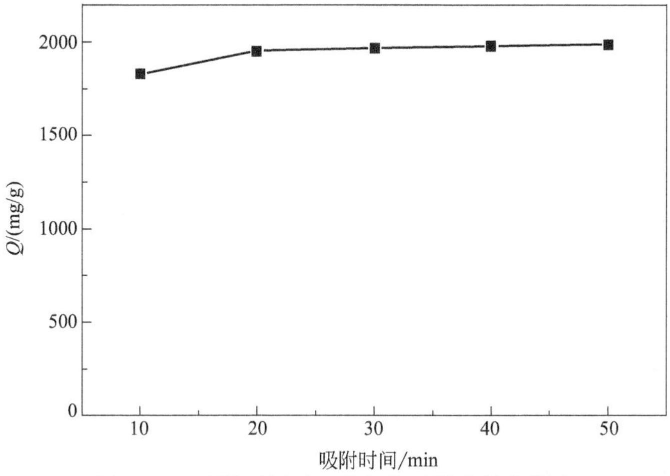

图12.8 吸附时间对三聚氰胺吸附容量的影响

从图 12.7 和图 12.8 所示的结果可以得知三聚氰胺对钒离子表现出了良好的吸附速率，在较短时间则可以完成对钒离子的吸附。当反应时间从 10min 延长到 20min 时，三聚氰胺对钒的吸附率由 91.48% 增加到 99.5%，继续延长反应时间，吸附率基本保持不变，说明此时三聚氰胺对钒的吸附达到了饱和。与传统的铵盐沉钒相比，大大缩短了反应时间。因此在实际反应过程中，可以适当地减少吸附时间。

### 12.3.5 反应温度对吸附率和吸附容量的影响

在反应过程中，化学反应速率影响着反应的进度，而反应温度则影响着反应过程中的化学反应速率，选择合适的反应温度对反应的进行显得非常重要。

实验研究了吸附温度对吸附率和吸附容量的影响，吸附温度分别设置为 20℃、35℃、50℃、75℃和 90℃，其他反应条件保持不变，分别设置为：溶液初始 pH 值为 1.18，钒初始浓度为 10g/L，吸附时间为 60min，三聚氰胺与钒的摩尔比为 $n$(三聚氰胺)/$n$(钒)＝0.2。实验结果如图 12.9 和图 12.10 所示。

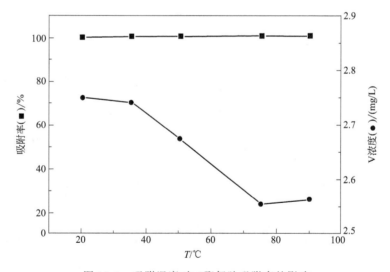

图 12.9 吸附温度对三聚氰胺吸附率的影响

从图 12.9 和图 12.10 所示的结果可知，在反应过程中改变反应温度对吸附率和吸附容量没有影响，三聚氰胺可以在常温下吸附溶液中的钒离子。当吸附温度为 20℃时，吸附率就可以达到 99.9%，此时三聚氰胺的吸附容量可达 1999.4mg 钒/g 三聚氰胺。升高吸附温度，对实验结果无促进作用。

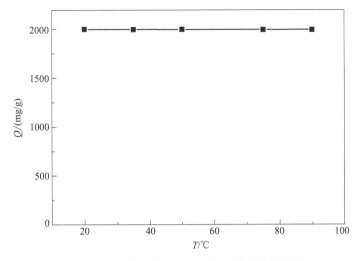

图 12.10 吸附温度对三聚氰胺吸附容量的影响

因此，在实际反应过程中，可以将反应温度控制在室温，不需要额外提供热源，可以减少大量能耗。

## 12.3.6 SEM 图谱

采用扫描电子显微镜（SEM）对反应前的三聚氰胺粉末和反应后的三聚氰胺吸附沉淀进行观察，实验结果如图 12.11 所示。在反应前，三聚氰胺为不规则的形状，吸附钒离子之后发生了明显的变化，呈现为立方六面体结构。在吸附过程中，溶液中的钒离子吸附在三聚氰胺粉末表面，发生聚并现象形成如图 12.11(b) 所示的立方体结构。

(a) 三聚氰胺　　　　　　　　　　(b) 吸附沉淀

图 12.11 三聚氰胺和吸附沉淀的 SEM 谱图

## 12.4 吸附动力学行为研究

在三聚氰胺吸附含钒溶液中钒离子的动力学研究中,分别采用拟一级动力学方程和拟二级动力学方程来描述三聚氰胺吸附钒离子的吸附动力学行为。

### 12.4.1 拟一级动力学方程

拟一级动力学方程表达式如下:

$$r = \frac{d(a-c)}{dt} = -\frac{dc}{dt} = k_1(a-c) \tag{12.7}$$

转换成直线方式为:

$$\frac{\ln a}{\ln(a-c)} = -k_1 t \tag{12.8}$$

式中,$a$ 为金属离子最初浓度,mol/L;$c$ 为 $t$ 时刻溶液中金属离子浓度,mol/L;$k_1$ 为一级反应速率常数,$\min^{-1}$。

根据式(12.8),以 $\ln a/[\ln(a-c)]$ 对 $t$ 作图,可求出一级反应速率常数 $k_1$。

将不同实验条件下得到的实验数据代入式(12.8)进行拟合,结果如图 12.12~图 12.14 和表 12.1 所示。其中图 12.12 描述的是温度为 20℃下的拟一级动力学方程,图 12.13 描述的是 35℃时的拟一级动力学方程,图 12.14 描述的是 50℃下的拟一级动力学方程。

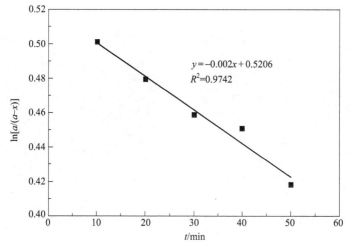

图 12.12 拟一级动力学方程(20℃)

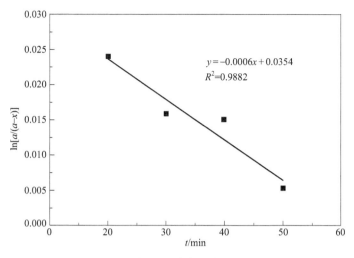

图 12.13　拟一级动力学方程（35℃）

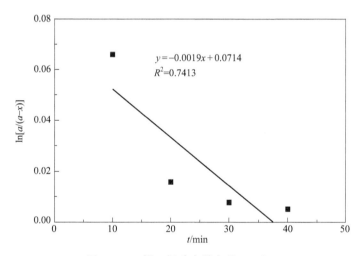

图 12.14　拟一级动力学方程（50℃）

表 12.1　各温度下拟一级动力学方程参数表

| 温度/℃ | $k/\min^{-1}$ | $R^2$ |
|---|---|---|
| 20 | 0.002 | 0.9742 |
| 35 | 0.0006 | 0.9882 |
| 50 | 0.0019 | 0.7413 |

从表 12.1 和图 12.12～图 12.14 所示的结果可知，在低温时（20℃、35℃）的拟一级动力学方程的拟合系数相关度较高，实验模型比较符合拟

一级动力学方程，此时的一级反应速率常数分别为 0.002min$^{-1}$ 和 0.0006min$^{-1}$。在较高温度（50℃）时，拟一级动力学方程的拟合系数相关度较低，说明在此反应条件下不适用拟一级动力学方程描述该动力学行为。

### 12.4.2 拟二级动力学方程

Ho and McKay 拟二级动力学模型方程如下：

$$\frac{\mathrm{d}Q_t}{\mathrm{d}t} = k(Q_e - Q_t)^2 \qquad (12.9)$$

转换成直线形式为：

$$\frac{t}{Q_t} = \frac{1}{k_2 Q_e^2} + \frac{1}{Q_e} t \qquad (12.10)$$

式中　$Q_e$——平衡时吸附剂对金属离子的吸附容量，mg/g；

　　　$Q_t$——$t$ 时刻金属离子的吸附容量，mg/g；

　　　$k_2$——拟二级动力学方程常数，g/(mg·min)。

根据式(12.10)，以 $t/Q_t$ 对 $t$ 作图，可以求得二级动力学常数 $k_2$ 和平衡吸附容量 $Q_e$。

将不同实验条件下得到的实验数据代入式(12.10)进行拟合，所得实验结果如图 12.15～图 12.17 所示，实验详细结果见表 12.2。其中图 12.15 描述的是温度为 20℃下的拟二级动力学方程，图 12.16 描述的是 35℃时的拟二级动力学方程，图 12.17 描述的是 50℃下的拟二级动力学方程。

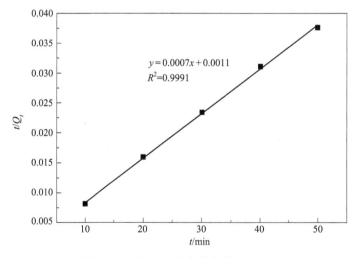

图 12.15　拟二级动力学方程（20℃）

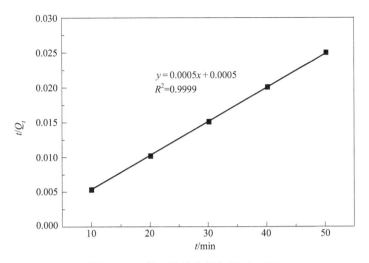

图 12.16 拟二级动力学方程（35℃）

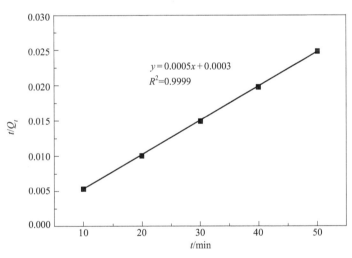

图 12.17 拟二级动力学方程（50℃）

表 12.2 各温度下拟二级动力学参数表

| 温度/℃ | $Q_e$/(mg/g) | $k_2$/[g/(mg·min)] | $R^2$ |
| --- | --- | --- | --- |
| 20 | 1428.57 | $4.45 \times 10^{-4}$ | 0.9991 |
| 35 | 2000 | $5.00 \times 10^{-4}$ | 0.9999 |
| 50 | 2000 | $8.33 \times 10^{-4}$ | 0.9999 |

从表 12.2 和图 12.15～图 12.17 所示的结果可知在各温度下拟二级动力学方程的拟合系数相关度都较高。与表 12.1 所示数据相比，拟二级动力

学方程的拟合系数相关度更高一些，说明拟二级动力学方程比拟一级动力学方程更适合用来描述三聚氰胺吸附含钒溶液中钒离子的动力学过程。

另外，在拟二级动力学方程中，计算得出的 $Q_e$ 与实际也更接近，而且相关系数 $R^2>0.999$，所以 Ho and McKay 拟二级动力学方程更适合描述三聚氰胺对钒离子的吸附动力学行为。

## 12.5 吸附等温线

为了研究三聚氰胺吸附含钒溶液中钒金属阳离子的吸附等温线，本实验采用 Langmuir 和 Freundlich 吸附模型对反应过程进行拟合，根据拟合结果对实际吸附过程所属类型进行判断。

### 12.5.1 Langmuir 吸附等温模型

Langmuir 吸附理论是建立在气-固吸附理论基础上的。Langmuir 指出在吸附剂的表面有一定数量的可以吸附分子的活性位点，每个活性位点可以吸附一个分子，因此 Langmuir 吸附等温模型属于单分子吸附模型。被吸附的分子与吸附剂表面之间存在着相互作用。若是化学作用，则该过程属于化学吸附；若是物理吸附，则该过程属于物理吸附。目前 Langmuir 吸附模型已经成功应用于许多污染物的吸附过程，广泛适用于液相中溶质吸附过程的拟合。对于固-液体系 Langmuir 等温吸附方程为：

$$Q_e = \frac{Q_m C_e}{K + C_e} \tag{12.11}$$

其直线形式为：

$$\frac{1}{Q_e} = \frac{1}{Q_m} + \frac{1}{bQ_m} \cdot \frac{1}{C_e} \tag{12.12}$$

式中　$C_e$——吸附平衡时溶液中金属离子的质量浓度，mg/L；
　　　$Q_e$——金属离子的吸附容量，mg/g；
　　　$Q_m$——金属离子的最大吸附容量，mg/g；
　　　$b$——表征吸附能力的 Langmuir 吸附常数，L/mg。

根据式(12.12)，以 $1/Q_e$ 对 $1/C_e$ 作图，可求出 $b$ 和 $Q_m$。

将不同实验条件下得到的实验数据代入式(12.12)进行拟合，所得实验结果如图 12.18～图 12.20 所示，实验详细结果见表 12.3。其中图 12.18 描述的是温度为 20℃下的 Langmuir 吸附方程，图 12.19 描述的是 35℃时的 Langmuir 吸附方程，图 12.20 描述的是 50℃下的 Langmuir 吸附方程。

表 12.3　不同温度下 Langmuir 等温吸附方程参数

| 温度/℃ | $Q_m$/(mg/g) | $b$/(L/mg) | $R^2$ |
|---|---|---|---|
| 20 | −1000 | −4.28E−5 | 0.9598 |
| 35 | 1428.57 | 0.259 | 0.8213 |
| 50 | 1428.57 | 0.152 | 0.9379 |

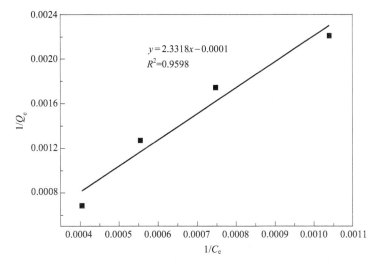

图 12.18　Langmuir 吸附等温线（20℃）

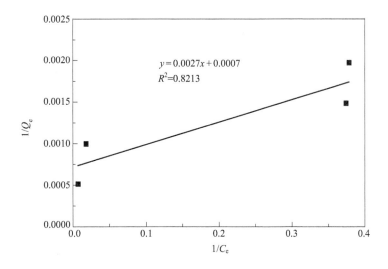

图 12.19　Langmuir 吸附等温线（35℃）

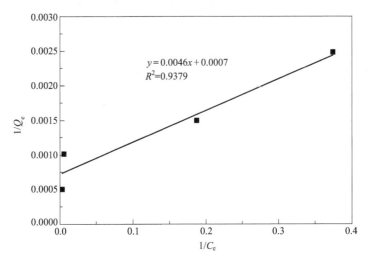

图 12.20 Langmuir 吸附等温线（50℃）

从表 12.3 和图 12.18～图 12.20 所示的结果可知，在 20℃时不能采用 Langmuir 方程来描述三聚氰胺吸附钒离子的行为，在其他温度下可以用 Langmuir 方程来进行描述，但其相关度较差。

## 12.5.2　Freundlich 吸附等温模型

Freundlich 吸附等温式广泛应用于吸附剂吸附有机物和无机物的过程。Freundlich 等温式是一个经验公式，它基于不同表面间的吸附，表明吸附位点并不是等同的或者相互间不是独立的。可以适用于各种非理想条件下的表面吸附或者多分子层吸附。Freundlich 公式应用广泛，同时适用于物理吸附和化学吸附。Freundlich 吸附等温线方程如下：

$$Q_e = K_f C_e^{1/n} \tag{12.13}$$

其线性方程为：

$$\ln Q_e = \ln K_f + \frac{1}{n}\ln C_e \tag{12.14}$$

式中　$K_f$——Freundlich 吸附容量常数，mg/g；
　　　$n$——亲和常数，L/mg；
　　　$Q_e$——平衡时吸附剂对金属离子的吸附容量，mg/g；
　　　$C_e$——吸附平衡时溶液中金属离子的浓度，mg/L。

根据方程式(12.14)，以 $\ln Q_e$ 对 $\ln C_e$ 作图，可求出 $K_f$ 和 $n$。

将不同实验条件下得到的实验数据代入式(12.14)进行拟合，所得实验结果如图 12.21～图 12.23 所示，实验详细结果见表 12.4。其中图 12.21

描述的是温度为20℃下的Freundlich吸附方程，图12.22描述的是35℃时的Freundlich吸附方程，图12.23描述的是50℃下的Freundlich吸附方程。

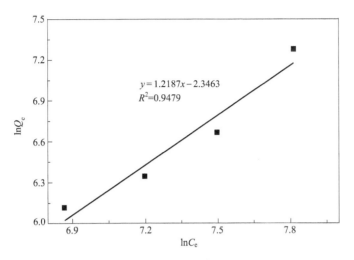

图12.21　Freundlich吸附等温方程（20℃）

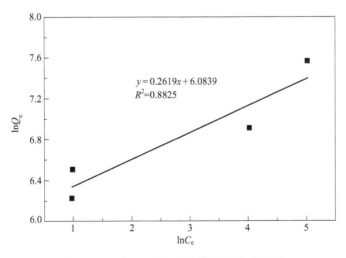

图12.22　Freundlich吸附等温方程（35℃）

表12.4　不同温度下Freundlich吸附方程参数

| 温度/℃ | $K_f$/(mg/g) | $n(>1)$ | $R^2$ |
| --- | --- | --- | --- |
| 20 | 0.0957 | 0.8205 | 0.9479 |
| 35 | 438.74 | 3.8182 | 0.8825 |
| 50 | 359.78 | 3.9968 | 0.8461 |

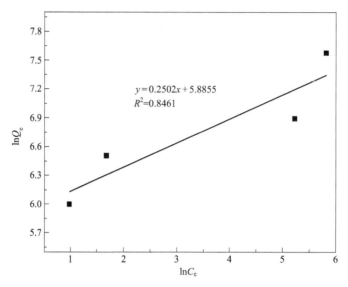

图 12.23　Freundlich 吸附等温方程（50℃）

从表 12.4 和图 12.21～图 12.23 所示的结果可知在 20℃时不能采用 Freundlich 吸附等温方程（$n>1$）来描述三聚氰胺吸附钒离子的行为。

比较表 12.3 和表 12.4 的结果发现，在低温（35℃）时，Freundlich 吸附等温模型更适合用来描述三聚氰胺对钒离子的吸附行为，而在高温（50℃）时，三聚氰胺对钒离子的吸附则更为符合 Langmuir 吸附等温模型。

## 12.6　本章小结

三聚氰胺分子含有三个自由的氨基和三个含孤对电子的氮原子，从结构上看其具有较强的金属吸附潜力。本章以三聚氰胺为吸附剂，研究三聚氰胺对钒离子的吸附能力。实验结果表明，三聚氰胺对钒离子具有较强的吸附能力，其在重金属吸附领域有较好的应用前景。

实验中研究了溶液初始 pH 值、三聚氰胺用量、吸附时间、吸附温度等因素对钒吸附率和吸附容量的影响，并对其吸附过程的吸附热力学模型以及吸附动力学行为进行了研究，得到以下结论：

① 三聚氰胺对钒离子具有较快的吸附速率，在短时间内可以达到饱和吸附容量。吸附率和吸附容量主要受溶液初始 pH 值和三聚氰胺用量的影响。在反应开始 10min 时，吸附率可达 99.9%，吸附容量为 1999.5mg

钒/g 三聚氰胺。

② 与传统的铵盐沉钒实验相比，三聚氰胺作为吸附剂吸附钒离子可以将反应温度由 90℃ 以上降低到常温（20℃），降低反应能耗。

③ 吸附热力学模型分析表明三聚氰胺吸附钒离子的过程既有化学吸附，又有物理吸附，其吸附等温线符合 Freundlich 吸附等温模型和 Langmuir 吸附等温模型，且动力学过程符合拟二级动力学方程。

# 第13章

# 三聚氰胺分步吸附钒和铬离子行为研究

## 13.1 引言

本书主要以钒铬滤饼碱性浸出液为研究对象，以三聚氰胺作为一种有效的钒铬分离回收吸附剂，研究三聚氰胺吸附钒、电还原铬和三聚氰胺吸附铬的过程。从三聚氰胺用量、反应温度和反应时间等实验参数进行探究，并对吸附动力学和热力学进行了研究。

## 13.2 实验过程

实验流程如图13.1所示，包括三聚氰胺吸附钒、电还原六价铬和三聚氰胺吸附三价铬的过程。

### 13.2.1 三聚氰胺吸附钒

三聚氰胺对钒的吸附是在搅拌速度为 500r/min 的恒温混合水浴锅中的玻璃烧杯内进行的。首先，在 250mL 烧杯中加入预定量的钒铬浸出液，然后将烧杯放置在恒温水浴锅中加热至预定的温度。接下来，向上述烧杯中

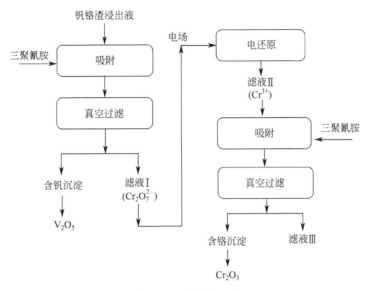

图 13.1 实验流程图

加入预定量的三聚氰胺，使之与钒铬浸出液进行吸附反应。在经过反应所需的时间之后，通过真空抽滤，使得滤液Ⅰ与沉淀分离出来。最后采用硫酸亚铁铵氧化还原滴定法测定滤液中钒和铬的浓度。

### 13.2.2 电还原六价铬

滤液Ⅰ中六价铬的电还原在 250mL 烧杯和恒温混合水浴锅中进行，搅拌速度为 500r/min。在最佳条件下，六价铬在电场的作用下还原成为三价铬，得到了含三价铬的滤液。

### 13.2.3 三聚氰胺吸附铬

三聚氰胺从滤液Ⅱ中吸附三价铬在 200mL 烧杯和恒温混合水浴锅中进行，振荡速度为 500r/min。将预定数量的滤液Ⅱ加入烧杯中，然后加热至预定的温度。接下来，在烧杯中加入预定数量的三聚氰胺。在经过反应所需的时间之后，通过真空抽滤，使得滤液Ⅲ与沉淀分离出来。

## 13.3 钒的吸附

### 13.3.1 三聚氰胺的理化表征

在 77K 条件下，利用 ASAP 2020（Micrometrics，USA）系列快速比表

面与孔隙度分析仪,通过测定 $N_2$ 吸附/解吸等温线,测定出三聚氰胺的比表面积。从图 13.2 和图 13.3 的结果表明,三聚氰胺的吸附等温线为Ⅱ型。当相对压力($p/p_0$)小于或等于 0.2 时,三聚氰胺的吸附曲线与解吸曲线重叠,说明三聚氰胺表面存在微孔,吸附性能中存在单分子层吸附。三聚氰胺具有较大的比表面积($8.71m^2/g$)和吸附孔体积($0.0040mL/g$)。图 13.3 表示了三聚氰胺的孔径和孔体积分布曲线。在 10nm 处出现的峰与三聚氰胺颗粒的聚集有关,说明三聚氰胺的孔径分布较窄。

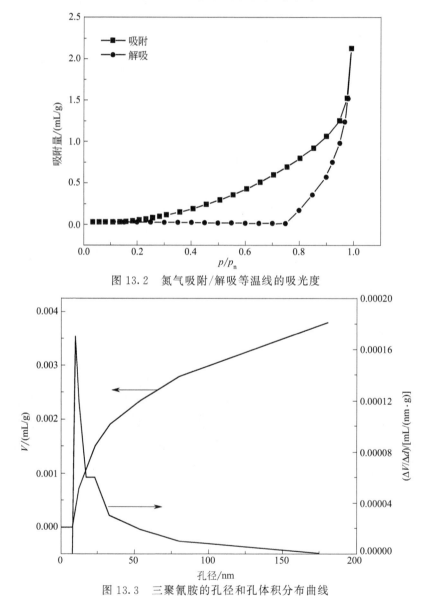

图 13.2　氮气吸附/解吸等温线的吸光度

图 13.3　三聚氰胺的孔径和孔体积分布曲线

## 13.3.2 初始 pH 值的影响

水溶液中的钒存在形式复杂繁多，钒离子的存在形态与溶液的 pH 值有很大的关系。钒在水溶液中的存在形态与钒浓度及 pH 值的关系如图 13.4 所示，目前的研究表明，三聚氰胺对钒的吸附过程介于 $VO_2^+$ 和三聚氰胺之间，既包括化学吸附，又包括物理吸附。反应时其他实验条件保持不变，分别设置为：吸附温度 90℃，吸附时间 60min，三聚氰胺与钒的摩尔比为 $n$(三聚氰胺)/$n$(钒)=1.0。探究初始 pH 值对吸附过程的影响。

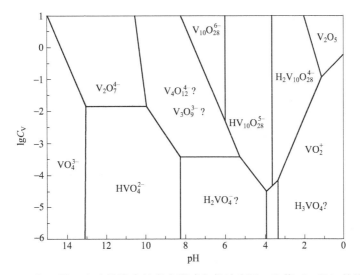

图 13.4　钒（V）在水溶液中的存在形式与钒浓度及 pH 值（25℃）的关系

从图 13.5 中可以看出，随着 pH 值的增加，三聚氰胺对钒的吸附效率将会逐渐降低。前期研究表明，三聚氰胺对 $Pb^{2+}$、$Hg^{2+}$、$Ag^+$ 等金属离子具有十分优良的吸附效果。当 pH 值低于 1.5 时，钒的吸附效率将会接近 100%。从图中可以看出，三聚氰胺吸附钒离子的能力随着 pH 值的增加而降低。

六价铬在酸性介质中的主要存在形式 $Cr_2O_7^{2-}$ 和在碱性介质中的主要存在形式 $CrO_4^{2-}$ 都不能被三聚氰胺所吸附。在过滤过程中，部分的铬离子被存留下来至沉淀物中，因此导致了部分铬的损失。从图 13.5 所展现的结果可以看出，在不同 pH 值下，铬的损失率近似约为 4.0%。即大部分铬仍然保留在溶液中，因此，铬与钒能进行有效的分离。

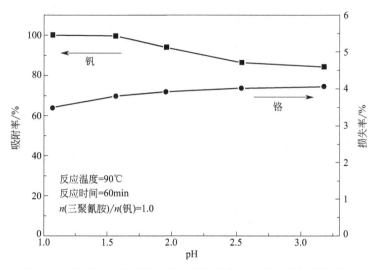

图 13.5 初始 pH 值对钒（V）吸附率和铬（Ⅵ）损失率的影响

## 13.3.3 三聚氰胺用量的影响

三聚氰胺作为反应吸附剂，其用量对吸附反应的顺利进行有着十分重要的影响。反应时，$n$(三聚氰胺)/$n$(钒)的值作为变量（分别设置为 0.2、0.4、0.6、0.8、1.0），其他反应条件是无关变量，保持不变（反应温度为 90℃、吸附时间为 60min、反应溶液初始 pH 值为 1.07）。探究三聚氰胺加入的量对反应过程的影响。结果如图 13.6 所示。

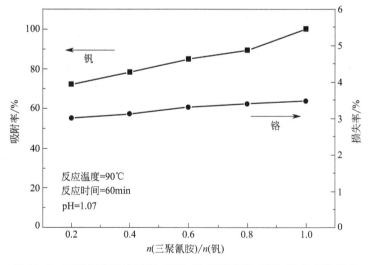

图 13.6 三聚氰胺用量对钒（V）吸附率和铬（Ⅵ）损失率的影响

从图 13.6 所示可知,吸附率随着用量的增加而逐步升高。这说明如果加入足够多的三聚氰胺,溶液中的钒可以被三聚氰胺全部吸附。钒($VO_2^+$)以阳离子形式吸附在三聚氰胺的表面,并且与氨基形成氢键,而过量的三聚氰胺就可以为吸附钒提供较多的活性位点。因此,吸附率会随着三聚氰胺用量的增加而逐步升高。当 $n$(三聚氰胺)/$n$(钒)的摩尔比为 1.0 时,钒的吸附率可达 99.89%。而在整个过程中,六价铬的损失率依然低于 4.0%。

### 13.3.4 反应温度的影响

反应时,吸附温度值作为变量(分别设置为 20℃、35℃、50℃、75℃、90℃),其他反应条件是无关变量,保持不变[吸附时间为 60min、三聚氰胺与钒的摩尔比为 $n$(三聚氰胺)/$n$(钒)=1.0、溶液初始 pH 值为 1.07]。探究反应温度对反应过程的影响。结果如图 13.7 所示。

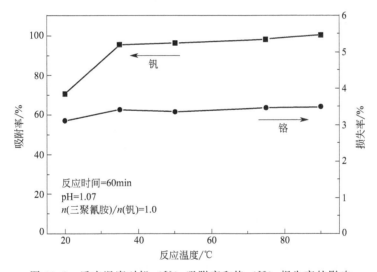

图 13.7 反应温度对钒(Ⅴ)吸附率和铬(Ⅵ)损失率的影响

从图 13.7 所示的结果可知,反应温度对三聚氰胺吸附钒的效率具有十分显著的影响。当吸附温度为 20℃时,三聚氰胺对钒的吸附率就可达 70%;随着反应温度的升高,钒的吸附率可达到 95.02%;在 90℃时,吸附率将会达到 99.89%。因此,在实际反应过程中,在较低的温度下即可实现三聚氰胺对钒的高效吸附,不需要额外提供热源,可以减少大量能耗。

### 13.3.5 反应时间的影响

在化工反应过程中,反应时间极大影响着反应的经济效益。因此,在较短的反应时间内,反应物达到反应平衡,是符合人们预期的。实验研究了吸附时间对吸附率的影响。反应时,吸附时间值作为变量(分别设置为20min、40min、60min、90min、120min),其他反应条件是无关变量,保持不变[反应温度为90℃、溶液初始pH值为1.07、三聚氰胺与钒的摩尔比为$n$(三聚氰胺)/$n$(钒)=1.0]。探究反应时间对反应过程的影响。结果如图13.8所示。

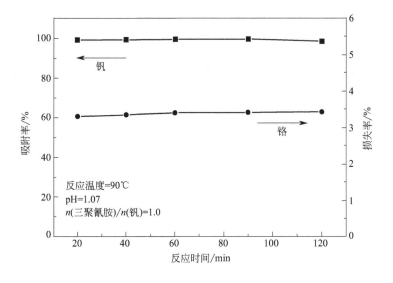

图13.8 反应时间对钒(V)吸附率和铬(Ⅵ)损失率的影响

如图13.8所示,三聚氰胺对钒离子具有良好的吸附速率。三聚氰胺能够在较短时间吸附大部分钒离子,能够以较快的速度吸附足够多的钒。反应开始20min,三聚氰胺吸附钒的效率就可以达到99.09%,随着反应时间的继续进行,吸附率基本保持不变,说明三聚氰胺对钒离子的吸附在较短的反应时间内就可以达到较高的效率。因为该吸附过程反应十分迅速,所以在实际反应过程中,可以适当地减少吸附时间。

## 13.4 电催化还原铬

在所进行的实验中,大约99.89%的钒被三聚氰胺所吸附,而大部分六价铬会被保留在滤液Ⅰ中,文章以采电电催化还原技术将六价铬还原为三价铬。

## 13.4.1 H₂SO₄用量的影响

六价铬在水溶液中的存在形态与溶液 pH 有较大关系,因此研究了硫酸用量对六价铬还原率的影响。实验时其他反应条件为:Cr(Ⅵ)初始浓度为 1.000g/L,电流强度为 0.05A,反应温度为 30℃。而 H₂SO₄ 的用量分别设定为 0.00mL、0.25mL、0.50mL、0.75mL 和 1.00mL,实验结果如图 13.9 所示。

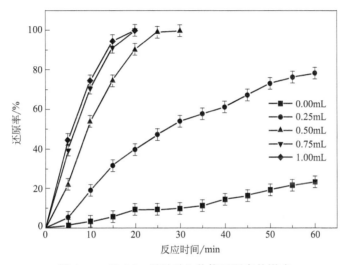

图 13.9 H₂SO₄ 用量对六价铬还原率的影响

实验结果表明,六价铬的还原率会随反应时间和酸浓度的增加而增加。对于该反应过程而言,六价铬的还原率对酸浓度依赖比较大,且在高酸浓度下可获得较高的六价铬还原率。高酸条件下体系中 Cr(Ⅵ)还原率的提高可归因于以下因素:

① 根据下列反应式可知,六价铬化合物在酸性条件下比在中性或碱性条件下更容易还原。$Cr_2O_7^{2-}$ 的摩尔分数会随酸浓度的增加而急剧增大。

$$Cr_2O_7^{2-} + 14H^+ + 6e^- \longrightarrow 2Cr^{3+} + 7H_2O \quad E^\ominus = 1.36V \quad (13.1)$$

$$CrO_4^{2-} + 4H_2O + 3e^- \longrightarrow Cr(OH)_4^- + 4OH^- \quad E^\ominus = -1.30V \quad (13.2)$$

② 高浓度的酸会加速不锈钢片的腐蚀,使得体系中出现更多的二价铁离子,$Fe^{2+}$ 与 Cr(Ⅵ)之间能够发生反应。

③ 酸性条件还能够增加溶液的电导率,从而增加了体系中额外自由电子的数量,因此更加有助于六价铬的还原。

### 13.4.2 反应温度的影响

相关研究已经证实,在电还原工艺中,反应温度是一个影响反应进程的重要参数。实验研究了反应温度对六价铬还原率的影响。实验过程中,其他反应条件为:Cr(Ⅵ)初始浓度为 1.000g/L,电流强度为 0.05A,$H_2SO_4$ 剂量为 0.50mL。图 13.10 所示的结果表明,在较高的反应温度下,六价铬的还原很容易实现。这是因为,高温会降低扩散阻力,有利于 $Fe^{2+}$ 和 Cr(Ⅵ)的接触,从而获得较高的六价铬还原率。

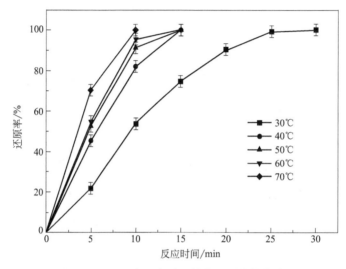

图 13.10　反应温度对六价铬还原率的影响

### 13.4.3 电流强度的影响

图 13.11 给出了电流强度对还原率的影响。从图中可以看出,随电流从 0.01A 增加到 0.05A,其还原率几乎没有增加,说明电流强度对六价铬还原率的影响较小。

### 13.4.4 反应机理

该电还原过程类似于图 13.12 所示的电絮凝过程,其包括还原剂形成以及随后的 Cr(Ⅵ)还原阶段。

第一步为还原剂的形成步骤。在反应过程中,主要成分为不锈钢的阳极在电压作用下溶解生成 $Fe^{2+}$。

阳极反应:

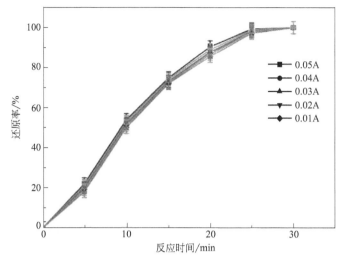

图 13.11 电流强度对还原率的影响

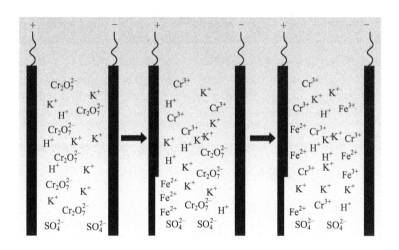

图 13.12 电还原过程的反应模型

$$Fe^0(s) \longrightarrow Fe^{2+}(aq) + 2e^- \tag{13.3}$$

$$2H_2O(l) \longrightarrow 4H^+(aq) + O_2(g) + 4e^- \tag{13.4}$$

阴极反应：

$$2H^+(aq) + 2e^- \longrightarrow H_2(g) \tag{13.5}$$

总反应：

$$Fe^0 + 2H_2O \longrightarrow Fe^{2+} + 2H_2 + O_2 + 2e^- \tag{13.6}$$

第二步是还原剂与氧化剂之间的反应。在该反应过程中，$Fe^{2+}$ 与 Cr

(Ⅵ) 之间发生氧化还原反应。根据废水 pH 的差异，不同 pH 下的反应式如下所示：

$0.5 < pH < 6.5$：

$$6Fe^{2+}(aq) + Cr_2O_7^{2-}(aq) + 14H^+(aq) \longrightarrow \\ 6Fe^{3+}(aq) + 2Cr^{3+}(aq) + 7H_2O(l) \quad (13.7)$$

$6.5 < pH < 7.5$：

$$Cr_2O_7^{2-}(aq) + H_2O(l) \rightleftharpoons 2CrO_4^{2-}(aq) + 2H^+(aq) \quad (13.8)$$

$$3Fe^{2+}(aq) + CrO_4^{2-}(aq) + 4H_2O(l) \longrightarrow \\ 3Fe^{3+}(aq) + Cr^{3+}(aq) + 8OH^-(aq) \quad (13.9)$$

$pH > 7.5$：

$$Fe^{2+}(aq) + 2OH^-(aq) \longrightarrow Fe(OH)_2(s) \quad (13.10)$$

$$3Fe(OH)_2(s) + CrO_4^{2-}(aq) + 4H_2O(l) \longrightarrow \\ 3Fe(OH)_3(s) + Cr(OH)_3(s) + 2OH^-(aq) \quad (13.11)$$

另外，在水溶液中自由移动的电子也是还原剂，也可以将铬（Ⅵ）还原为铬（Ⅲ）。

$$Cr_2O_7^{2-}(aq) + 14H^+(aq) + 6e^- \longrightarrow 2Cr^{3+}(aq) + 7H_2O(l) \quad (13.12)$$

## 13.5 铬的吸附

三价铬也用三聚氰胺进行吸附处理。本实验研究了三聚氰胺用量、反应温度、反应时间对三聚氰胺吸附铬离子效率的影响。

### 13.5.1 三聚氰胺用量的影响

本实验继续采用三聚氰胺作为吸附剂，吸附滤液Ⅱ中三价铬。反应时，$n$（三聚氰胺）/$n$（铬）的值作为变量（分别设置为 0.25、0.5、0.75、1.0、1.25、1.5），其他反应条件是无关变量，保持不变（反应温度为 90℃、吸附时间为 60min）。探究三聚氰胺加入的量对反应过程的影响。结果如图 13.13 所示。

如图 13.13 所示，吸附率随着用量的增加而逐步升高。随着三聚氰胺加入的量的增加，三聚氰胺对三价铬的吸附率也会随之增大。三聚氰胺对三价铬的吸附率首先呈线性上升，在 $n$（三聚氰胺）/$n$（铬）=0.25 时，吸附率仅为 49.00%；在 $n$（三聚氰胺）/$n$（铬）=0.75 时，吸附率就可以达到 92.81%。随着三聚氰胺加入量的增加，三聚氰胺对三价铬的吸附率呈现缓慢上升的趋势，在 $n$（三聚氰胺）/$n$（铬）=1.5 时，吸附率为 98.63%。

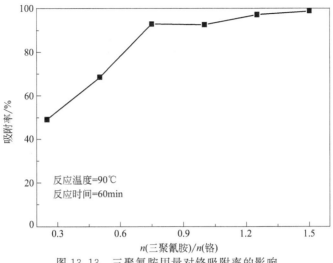

图 13.13 三聚氰胺用量对铬吸附率的影响

## 13.5.2 反应温度的影响

反应温度是吸附反应过程中的一个重要的影响参数,它主要影响着反应介质的黏度以及反应介质扩散时的阻力。选择合适的反应温度对反应的进行十分重要。反应时,吸附温度值作为变量(分别设置为 20℃、35℃、50℃、75℃、90℃),其他反应条件是无关变量,保持不变[吸附时间为 60min、三聚氰胺与铬的摩尔比为 $n$(三聚氰胺)/$n$(铬)=1.5]。探究反应温度对反应过程的影响。结果如图 13.14 所示。

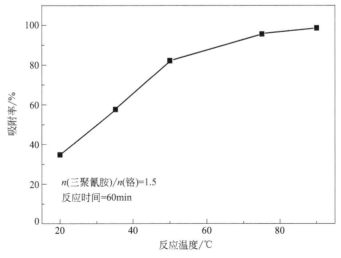

图 13.14 反应温度对铬吸附率的影响

从图 13.14 可知，随着反应温度的升高，三聚氰胺对三价铬的吸附率也会逐渐升高。三聚氰胺吸附三价铬的过程为吸热过程。因此，温度越高，越有利于吸附反应过程的进行。也就是说，随着反应温度的升高，铬离子的扩散速率将会增加，溶液的黏度将会降低，在这样的反应条件下，三聚氰胺与三价铬接触从而进行吸附反应的概率将会大大增加。因此，高温有利于三聚氰胺将铬吸附。在反应温度为 90℃时，三聚氰胺对三价铬的吸附率竟能高达 98.63%。

### 13.5.3 反应时间的影响

在化工反应过程中，反应时间极大影响着反应的经济效益。因此，在较短的反应时间内，反应物达到反应平衡，是符合人们预期的。实验研究了反应时间对铬吸附率的影响。反应时，吸附时间值作为变量（分别设置为 15min、30min、45min、60min、75min），其他反应条件是无关变量，保持不变 [反应温度为 90℃、溶液初始 pH 值为 1.07、三聚氰胺与铬的摩尔比为 $n$(三聚氰胺)/$n$(铬)＝1.0]。探究反应时间对反应过程的影响。结果如图 13.15 所示。

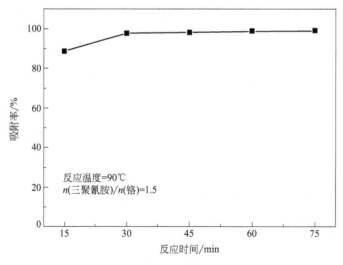

图 13.15　反应时间对铬吸附率的影响

从图 13.15 所示的结果可以看出，三聚氰胺对三价铬离子表现出了良好的吸附速率。图 13.15 显示了反应时间对铬吸附率的影响。经分析得出，在吸附过程开始时，三聚氰胺表面的空位较多，三价铬离子容易与活性位点反应而被吸附。随着反应时间的进行，三聚氰胺的吸附位点会被逐渐占据，因此吸附速率会降低，而吸附率将会缓慢地提高。反应进行至 15min，三聚氰胺对三价铬的吸附率就可达到 88.60%。反应开始 30min，此时三聚氰胺对三价铬离子的吸附达到了饱和，继续延长反应时间，吸附率基本保持不变。该吸附过程反应十分迅速，在较短的反应时间内就可以达到较高的吸附率。说明三聚氰胺能够在较短时间完成对大部分三价铬离子的吸附，能够以较快的速度吸附足够多的三价铬。因此，三聚氰胺是一种能有效吸附三价铬的优良吸附剂。

## 13.6 动力学分析

在三聚氰胺分步吸附分离钒和铬的行为动力学研究中，采用拟一级动力学方程和拟二级动力学方程来描述三聚氰胺吸附钒和铬的吸附动力学行为。

这两种动力学模型可表示为：

$$\ln(Q_e - Q_t) = \ln(Q_e) - k_1 t \tag{13.13}$$

$$\frac{t}{Q_t} = \frac{1}{k_2 Q_e^2} + \frac{1}{Q_e} t \tag{13.14}$$

式中，$Q_e$ 为平衡时的吸附容量，mg/g；$Q_t$ 为 $t$ 时刻的吸附量，mg/g；$k_1$ 为准一级速率常数，$\min^{-1}$；$k_2$ 为准二级速率常数，$g/(mg \cdot \min)$。

相关系数 $R^2$、$k_1$、$k_2$ 和 $Q_e$ 值均见表 13.1，两种模型的线性曲线图如图 13.16 所示。

根据三聚氰胺吸附溶液中钒离子的过程，拟一级动力学方程的 $Q_e$ 为 59874mg/g，拟二级动力学方程的 $Q_e$ 为 9865mg/g，与上面讨论的实验结果十分接近（实验数据为 9998mg/g，吸附率为 99.89%）。拟一级动力学方程的 $R^2$ 为 0.9815，模拟二级动力学方程的 $R^2$ 为 0.9998。比较得出，拟二级动力学方程的拟合系数相关度更高一些。这说明，拟二级动力学方程更适合描述三聚氰胺吸附溶液中钒离子的过程。

表 13.1 三聚氰胺吸附钒（V）和铬（Ⅲ）的准一级和准二级动力学模型的常数和相关系数

| 元素 | 拟一级动力学方程 | | | 拟二级动力学方程 | | |
|---|---|---|---|---|---|---|
| | $Q_e/(mg/g)$ | $k_1/\min^{-1}$ | $R^2$ | $Q_e/(mg/g)$ | $k_2/[g/(mg \cdot \min)]$ | $R^2$ |
| 铬 | 59874 | 0.05033 | 0.9815 | 9865 | 2.99exp(12) | 0.9998 |
| 钒 | 19930 | 0.01328 | 0.9788 | 228.3 | 6.76exp(5) | 0.9543 |

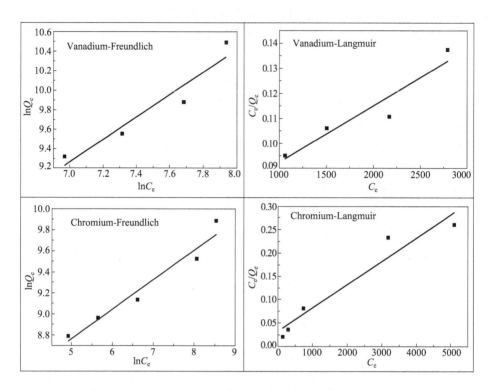

图 13.16 三聚氰胺对钒（V）和铬（Ⅲ）的吸附动力学模型（一级模型和二级模型）

根据三聚氰胺吸附溶液中铬离子的过程，拟一级动力学方程的 $Q_e$ 为 19930mg/g，拟二级动力学方程的 $Q_e$ 为 228.3mg/g。比较得出，拟一级动力学方程的 $Q_e$ 更接近实验数据（实验数据为 19602mg/g，吸附率为 98.63%）。而拟一级动力学方程的 $R^2$ 为 0.9788，拟二级动力学方程的 $R^2$ 为 0.9543。这说明，拟一级动力学方程更适合用来描述三聚氰胺吸附溶液中铬离子的过程。

因此，我们可以得出结论，三聚氰胺对溶液中铬离子的吸附符合准一级动力学模型。

## 13.7 热力学分析

### 13.7.1 吸附等温线

平衡吸附等温线可以反映吸附剂的表面性质和吸附行为，对吸附体系的设计具有十分重要的意义。

Langmuir 吸附理论是建立在气-固吸附理论基础上的单分子吸附模型。目前 Langmuir 吸附模型已经成功应用于许多污染物的吸附过程。

对于固-液体系 Langmuir 等温吸附方程为：

$$\frac{C_e}{Q_e} = \frac{1}{Q_0 K_L} + \frac{C_e}{Q_0} \tag{13.15}$$

式中，$K_L$ 为吸附平衡常数，L/mg；$Q_0$ 为最大单层吸附容量，mg/g；$Q_e$ 为吸附在吸光度单位质量上的量，mg/g。

Freundlich 等温式是一个应用广泛的经验公式，主要应用于吸附剂吸附有机物和无机物的过程。同时适用于物理吸附和化学吸附。

Freundlich 吸附等温线方程如下：

$$\ln Q_e = \ln K_F + \frac{1}{n} \ln C_e \tag{13.16}$$

式中，$K_F$ 为 Freundlich 常数（与吸附剂容量有关），(mg/g)·(L/g)。

Freundlich 模型中 $n$ 的值代表吸附特性系数。

当 $2 \leqslant n \leqslant 10$ 时，为较好的吸附特性；当 $1 \leqslant n < 2$ 时，为中等难度的吸附特性；当 $n < 1$ 时，为较差的吸附特性。

图 13.17 为 90℃时根据 Freundlich 吸附等温式和 Langmuir 等温吸附方程所得的拟合实验结果，相关参数（$K_L$、$Q_0$、$K_F$ 和 $n$）的结果见表 13.2。结果说明 Freundlich 吸附等温式不适合对钒的吸附，而三聚氰胺对铬的吸附符合 Freundlich 吸附等温式模型。

表 13.2 三聚氰胺对钒（V）和铬（Ⅲ）的吸附等温线参数

| 元素 | Langmuir 等温线 | | | Freundlich 等温线 | | |
|---|---|---|---|---|---|---|
| | $Q_0$/(mg/g) | $K_L$/(L/mg) | $R^2$ | $K_F$/(L/mg) | $n$ | $R^2$ |
| 铬 | 44326 | 3097 | 0.8567 | 3.4041 | 0.87 | 0.8736 |
| 钒 | 19972 | 630.7 | 0.9205 | 1556 | 3.56 | 0.9387 |

## 13.7.2 热力学分析

吉布斯自由能变化（$\Delta G_0$）可以揭示吸附机理和吸附行为。在 363K 时，五价钒离子和三价铬离子的 $\Delta G_0$ 值分别为 $-24.26$ kJ/mol 和 $-19.45$ kJ/mol，这表明钒和铬在三聚氰胺上的附着是自发的，且是有利于进行的热力学行为。

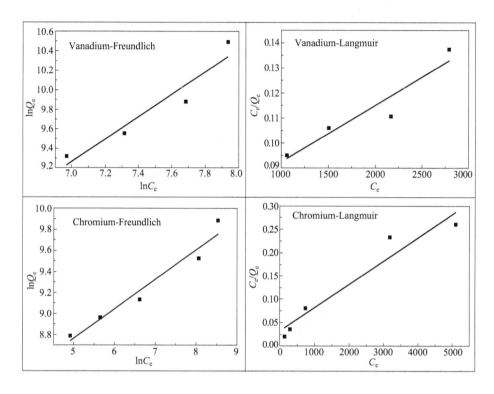

图 13.17　钒（V）和铬（Ⅲ）的吸附等温线

## 13.8　本章小结

根据三聚氰胺的结构，其具有较强的金属吸附潜力。本书将三聚氰胺作为吸附剂，采用逐级吸附法对浸出液中的钒离子和铬离子进行有效的分离。实验结果表明，三聚氰胺可作为一种吸附重金属的吸附剂。

实验中，主要探究了三聚氰胺吸附钒、电还原铬和三聚氰胺吸附铬的过程。考察了三聚氰胺用量、反应温度、溶液初始 pH 值和反应时间等实验参数对吸附过程中吸附率的影响。确定了吸附钒和铬的最佳条件。结论如下：

① 三聚氰胺是吸附三价钒离子和三价铬离子的良好吸附剂，具有较快的吸附速率。在初始 pH 值为 1.07、反应温度为 90℃、反应时间为 60min、$n$（三聚氰胺）/$n$（钒）摩尔比为 1.0 的最佳条件下，对钒的吸附率可以达到 99.89%。用拟二级动力学方程描述钒的吸附过程十分适合，在三聚氰胺对

钒的吸附过程中，吸附等温线符合 Langmuir 等温吸附方程。

② 采用电还原法可将六价铬轻易地还原成为三价铬，而三价铬又可以被三聚氰胺进行有效的吸附。在反应温度为 90℃、反应时间为 60min、$n$（三聚氰胺）$/n$（铬）摩尔比为 1.5 的条件下，三聚氰胺对铬离子的吸附率可达到 98.63%。三聚氰胺对铬的吸附过程中，吸附动力学符合准一级模型，吸附等温线符合 Freundlich 吸附等温式。

## 参 考 文 献

[1] 杨守志. 钒冶金 [M]. 北京：冶金工业出版社，2010.

[2] 张冬清，李运刚，张颖异. 国内外钒钛资源及其利用研究现状 [J]. 四川有色金属，2011：1-6.

[3] 廖思舜，宁永功，李宏发，杨忠孝，李元勋. TiV 合金中钒原子的行为研究 [J]. 钛工业进展，2004，21：20-23.

[4] Colinet Catherine, Tedenac Jean-Claude. First principles calculations in V-Si system. Defects in $A_{15}$-$V_3$Si phase [J]. Computational Materials Science，2014，85：94-101.

[5] 杜继红，李晴宇，杨升红，李争显，奚正平. 熔盐电解脱氧制备 TiV 合金 [J]. 稀有金属材料与工程，2009，38：2230-2233.

[6] 丛慧. 聚变应用钒合金的力学行为及氢的影响 [D]. 成都：西华大学，2006.

[7] Patil Ce, Tarwal Nl, Jadhav Pr, Shinde Ps, Deshmukh Hp, Karanjkar M M, Moholkar A V, Gang M G, Kim J H, Patil P S. Electrochromic performance of the mixed $V_2O_5$-$WO_3$ thin films synthesized by pulsed spray pyrolysis technique [J]. Current Applied Physics，2014，14：389-395.

[8] Siva Sankar Reddy Putluru, Leonhard Schill, Diego Gardini, Rasmus Fehrmann. Superior DeNO (x) activity of $V_2O_5$-$WO_3$/$TiO_2$ catalysts prepared by deposition-precipitation method [J]. Journal of Materials Science，2014，49：2705-2713.

[9] Johann Nathan Nicholas, Gabriel Da Silva, Sandra Kentish, Geoffery W Stevens. Use of Vanadium (V) Oxide as a Catalyst for $CO_2$ Hydration in Potassium Carbonate Systems [J]. Industrial & Engineering Chemistry Research，2014，53：3029-3039.

[10] Rivoira Lorena, Juárez Juliana, Falcón Horacio, Gómez Costa Marcos, Anunziata Oscar, Beltramone Andrea. Vanadium and titanium oxide supported on mesoporous CMK-3 as new catalysts for oxidative desulfurization [J]. Catalysis Today，2017，282，Part 2：123-132.

[11] Matos I, Zhang Y J, Fonseca I, Lemos F, Lemos M, Freire F, Fernandes A C, Do Rego A M B, Valente A, Mano J F, Henriques R T, Marques M M. Ethylene polymerization over transition metal supported catalysts. Ⅲ. Vanadium [J]. E-Polymers，2006.

[12] Kalinkin P, Kovalenko O, Lapina O, Khabibulin D, Kundo N. Kinetic peculiarities in the low-temperature oxidation of $H_2S$ over vanadium catalysts [J]. Journal of Molecular Catalysis a-Chemical，2002，178：173-180.

[13] 谭红艳. 新型纳米钒酸铋黄色颜料的制备与性能研究 [D]. 南京：南京理工大学，2009.

[14] 李红英，樊红莉. 钒酸铋黄色颜料的合成技术进展 [J]. 广东化工，2010：34-35.

[15] 王进晋，吴雪文，刘素琴，黄可龙. 石墨在钒电池电解液中的电化学行为 [J]. 电源设计，2011，35：1527-1530.

[16] Kim Ki Hyun, Kim Bu Gi, Lee Dai Gil. Development of carbon composite bipolar plate (BP) for vanadium redox flow battery (VRFB) [J]. Composite Structures，2014，109：253-259.

[17] Peng Hao, Liu Zuohua, Tao Changyuan. Chaotic phenomenon in Vanadium Redox flow Battery [J]. International Journal of Petrochemical Science & Engineering，2017，2：00031.

[18] Wang Senlin, Zhang Zhengxi, Jiang Zhitong, Deb Aniruddha, Yang Li, Hirano Shin-

Ichi. Mesoporous Li$_3$V$_2$(PO$_4$)$_3$@CMK-3 nanocomposite cathode material for lithium ion batteries [J]. Journal of Power Sources, 2014, 253: 294-299.

[19] Wang Jiexi, Li Xinhai, Wang Zhixing, Huang Bin, Wang Zhiguo, Guo Huajun. Nanosized LiVPO$_4$F/graphene composite: A promising anode material for lithium ion batteries [J]. Journal of Power Sources, 2014, 251: 325-330.

[20] Valverde J A, Echavarria A, Eon J G, Faro A C, Palacio L A. V-Mg-Al catalyst from hydrotalcite for the oxidative dehydrogenation of propane [J]. Reaction Kinetics Mechanisms and Catalysis, 2014, 111: 679-696.

[21] Su Lele, Li Xiaowei, Ming Hai, Adkins Jason, Liu Mangmang, Zhou Qun, Zheng Junwei. Effect of vanadium doping on electrochemical performance of LiMnPO$_4$ for lithium-ion batteries [J]. Journal of Solid State Electrochemistry, 2014, 18: 755-762.

[22] Sun Zhenhua, Zhang Jingqi, Yin Lichang, Hu Guangjian, Fang Ruopian, Cheng Hui-Ming, Li Feng. Conductive porous vanadium nitride/graphene composite as chemical anchor of polysulfides for lithium-sulfur batteries [J]. Nature Communications, 2017, 8: 14627.

[23] 张华民, 王晓丽. 全钒液流电池技术最新研究进展 [J]. 储能科学与技术, 2013, 2: 281-288.

[24] 张书弟, 翟玉春, 陈维民. 全钒氧化还原液流电池电解液的研究 [J]. 材料与冶金学报, 2013, 12: 77-80.

[25] Huang Xiaodong, Pu Yang, Zhou Yuqin, Zhang Yaping, Zhang Hongping. In-situ and ex-situ degradation of sulfonated polyimide membrane for vanadium redox flow battery application [J]. Journal of Membrane Science, 2017, 526: 281-292.

[26] Choi Chanyong, Kim Soohyun, Kim Riyul, Choi Yunsuk, Kim Soowhan, Jung Ho-Young, Yang Jung Hoon, Kim Hee-Tak. A review of vanadium electrolytes for vanadium redox flow batteries [J]. Renewable and Sustainable Energy Reviews, 2017, 69: 263-274.

[27] Wei Zi, Liu Dong, Hsu Chiajen, Liu Fuqiang. All-vanadium redox photoelectrochemical cell: An approach to store solar energy [J]. Electrochemistry Communications, 2014, 45: 79-82.

[28] Sum E, Rychcik M, Skyllas-Kazacos M. Investigation of the V(Ⅴ)/V(Ⅳ) system for use in the positive half-cell of a redox battery [J]. Journal of Power Sources, 1985, 16: 85-95.

[29] Xiong Binyu, Zhao Jiyun, Tseng K J, Skyllas-Kazacos Maria, Lim Tuti Mariana, Zhang Yu. Thermal hydraulic behavior and efficiency analysis of an all-vanadium redox flow battery [J]. Journal of Power Sources, 2013, 242: 314-324.

[30] 沈洁, 李广凯, 侯耀飞, 滕松, 贾钞. 钒液流电池建模及充放电效率分析 [J]. 电源技术, 2013, 37: 1001-1003.

[31] 颜世铭. 钒的生理作用及其与健康的关系 [J]. 广东微量元素科学, 2008, 15: 11.

[32] 黄选洋, 王建萍, 丁雪梅, 张克英, 曾秋凤, 白世平, 罗玉衡. 钒对鸡健康的影响及其作用机理 [J]. 动物营养学报, 2015, 27: 2335-2441.

[33] Wilk Aleksandra, Wiszniewska Barbara, Szypulska-Koziarska Dagmara, Kaczmarek Paulina, Romanowski Maciej, Różański Jacek, Słojewski Marcin, Ciechanowski Kazimierz, Marchelek-Myśliwiec Małgorzata, Kalisińska Elżbieta. The Concentration of Vanadium in Pathologically Altered Human Kidneys [J]. Biological Trace Element Research, 2017: 1-5.

[34] Korbecki J, Baranowska-Bosiacka I, Gutowska I, Chlubek D. Biochemical and medical importance of vanadium compounds [J]. Acta Biochimica Polonica, 2012, 59: 195-200.

[35] 张辉. 钒酸盐红色荧光粉的制备及其荧光性能研究 [D]. 哈尔滨: 哈尔滨理工大学, 2009.

[36] 王涛, 张瑞西, 井艳军, 朱月华, 王苏, 王海波. 高亮度钒磷酸钇铕荧光粉的制备 [J]. 化工进展, 2008, 27: 1280-1284.

[37] Shi Qiwu, Huang Wanxia, Lu Tiecheng, Yue Fang, Xiao Yang, Hu Yanyan. In situ growth of sol-gel-derived nano-$VO_2$ film and its phase transition characteristics [J]. Journal of Nanoparticle Research, 2014, 16: 2656.

[38] 陈长琦, 朱武, 干蜀毅, 方应翠, 王先路. 二氧化钒薄膜制备及其相变机理研究分析 [J]. 真空科学与技术, 2001, 21: 452-456.

[39] 刘东青, 郑文伟, 程海峰, 张朝阳. 二氧化钒薄膜制备及其热致变发射率特性研究 [J]. 红外技术, 2010, 32: 181-184.

[40] 李雪婧. 二氧化钒薄膜的制备及其光学特性研究 [D]. 长春: 长春理工大学, 2009.

[41] 张华, 肖秀娣, 徐刚, 柴冠麒, 杨涛. 二氧化钒薄膜的研究进展 [J]. 材料导报, 2014, 28: 56-60.

[42] 王秋霞, 马化龙. 我国钒资源和 $V_2O_5$ 研究、生产的现状及前景 [J]. 矿产保护与利用, 2009: 47-50.

[43] Peng Hao, Liu Zuohua, Tao Changyuan. Leaching kinetics of vanadium with electro-oxidation and $H_2O_2$ in alkaline medium [J]. Energy & Fuels, 2016, 30: 7802-7807.

[44] Li Hongyi, Wang Kang, Hua Weihao, Yang Zhao, Zhou Wang, Xie Bing. Selective leaching of vanadium in calcification-roasted vanadium slag by ammonium carbonate [J]. Hydrometallurgy, 2016, 160: 18-25.

[45] Wang Zhonghang, Zheng Shili, Wang Shaona, Qin Yaling, Du Hao, Zhang Yi. Electrochemical decomposition of vanadium slag in concentrated NaOH solution [J]. Hydrometallurgy, 2015, 151: 51-55.

[46] 曹宏斌, 林晓, 宁朋歌, 张懿. 含铬钒渣的资源化综合利用研究 [J]. 钢铁钒钛, 2012, 33: 35-39.

[47] 杨素波, 罗泽中, 文永才, 何为, 王建, 陈渝. 含钒转炉钢渣中钒的提取与回收 [J]. 钢铁, 2005, 40: 72-75.

[48] Yang Xiao, Zhang Yimin, Bao Shenxu, Shen Chun. Separation and recovery of vanadium from a sulfuric-acid leaching solution of stone coal by solvent extraction using trialkylamine [J]. Separation and Purification Technology, 2016, 164: 49-55.

[49] Cai Zhenlei, Feng Yali, Li Haoran, Zhou Yuzhao. Selective Separation and Extraction of Vanadium (Ⅳ) and Manganese (Ⅱ) from Co-leaching Solution of Roasted Stone Coal and Pyrolusite via Solvent Extraction [J]. Industrial & Engineering Chemistry Research, 2013, 52: 13768-13776.

[50] Ye Puhong, Wang Xuewen, Wang Mingyu, Fan Yeye, Xiang Xiaoyan. Recovery of vanadium from stone coal acid leaching solution by coprecipitation, alkaline roasting and water leaching [J]. Hydrometallurgy, 2012, 117-118: 108-115.

[51] Zhang Yimin, Bao Shenxu, Liu Tao, Chen Tiejun, Huang Jing. The technology of extracting vanadium from stone coal in China: History, current status and future prospects [J]. Hydrometallurgy, 2011,

109：116-124.

[52] 陈铁军，邱冠周，朱德庆. 石煤提钒焙烧过程钒的价态变化及氧化动力学[J]. 矿冶工程，2008，28：64-67.

[53] 居中军，王成彦，尹飞，杨永强，李敦钫. 石煤钒矿硫酸活化常压浸出提钒工艺[J]. 中国有色金属学报，2012，22：2061-2068.

[54] Krzysztof Mazurek. Recovery of vanadium, potassium and iron from a spent vanadium catalyst by oxalic acid solution leaching, precipitation and ion exchange processes[J]. Hydrometallurgy, 2013, 134-135：26-31.

[55] Li Qichao, Liu Zhenyu, Liu Qingya. Kinetics of Vanadium Leaching from a Spent Industrial $V_2O_5/TiO_2$ Catalyst by Sulfuric Acid[J]. Industrial & Engineering Chemistry Research, 2014, 53：2956-2962.

[56] Rocchetti L, Fonti V, Veglio F, Beolchini F. An environmentally friendly process for the recovery of valuable metals from spent refinery catalysts[J]. Waste Manag Res, 2013, 31：568-576.

[57] Nikiforova A, Kozhura O, Pasenk O. Leaching of vanadium by sulfur dioxide from spent catalysts for sulfuric acid production[J]. Hydrometallurgy, 2016, 164：31-37.

[58] Li Minting, Wei Chang, Fan Gang, Li Cunxiong, Deng Zhigan, Li Xinbin. Pressure acid leaching of black shale for extraction of vanadium[J]. Trans. Nonferrous Met. Soc. China, 2010, 20：6.

[59] Li Minting, Wei Chang, Qiu Shuang, Zhou Xuejiao, Li Cunxiong, Deng Zhigan. Kinetics of vanadium dissolution from black shale in pressure acid leaching[J]. Hydrometallurgy, 2010, 104：193-200.

[60] Zhou Xiangyang, Li Changlin, Li Jie, Liu Hongzhuan, Wu Shangyuan. Leaching of vanadium from carbonaceous shale[J]. Hydrometallurgy, 2009, 99：97-99.

[61] 付自碧，尹丹凤，张新霞. 钒渣冷却方式对钒尖晶石颗粒大小及钠化焙烧效果的影响[J]. 钢铁钒钛，2012，33：6-9.

[62] 王学文，刘万里，张贵清，王明玉，胡健. 石煤氯化钠焙烧水浸液纳滤提钒过程[J]. 过程工程学报，2009，9：289-292.

[63] Fang Haixing, Li Hongyi, Xie Bing. Effective Chromium Extraction from Chromium-containing Vanadium Slag by Sodium Roasting and Water Leaching[J]. Isij International, 2012, 52：1958-1965.

[64] Wang Xuewen, Xiao Caixia, Wang Mingyu, Xiao Weiliu. Removal of silicon from vanadate solution using ion exchange and sodium alumino-silicate precipitation[J]. Hydrometallurgy, 2011, 107：133-136.

[65] 段冉，李青刚. 从钒酸钠溶液中深度除磷制备高纯$V_2O_5$的研究[J]. 稀有金属材料与工程，2011，35：543-547.

[66] Qiu Shuang, Wei Chang, Li Minting, Zhou Xuejiao, Li Chunxiong, Deng Zhigan. Dissolution kinetics of vanadium trioxide at high pressure in sodium hydroxide-oxygen systems[J]. Hydrometallurgy, 2011, 105：350-354.

[67] Li Hongyi, Fang Haixing, Wang Kang, Zhou Wang, Yang Zhao, Yan Xiaoman, Ge Wensun, Li Qianwen, Xie Bing. Asynchronous extraction of vanadium and chromium from vanadi-

um slag by stepwise sodium roasting-water leaching [J]. Hydrometallurgy, 2015, 156: 124-135.

[68] 吴恩辉, 朱荣, 杨绍利, 郭亚光, 李军, 侯静. 钒铬渣两步氧化钠化焙烧分离钒、铬 [J]. 稀有金属, 2012: 1130-1138.

[69] 李兰杰, 郑诗礼, 陈东辉, 杜浩, 白瑞国. 钒渣无盐焙烧-碱法浸出高效清洁提钒技术 [C]. 2015: 70-76.

[70] 付自碧, 张林, 张涛, 邱正秋. 石煤无盐焙烧-酸浸提钒工艺试验研究 [J]. 铁合金, 2009: 24-27.

[71] 潘占开, 李青春, 叶树峰, 钱鹏, 何海兴, 殷保稳. 方山口石煤钒矿空白焙烧-助浸剂浸出工艺研究 [J]. 计算机与应用化学, 2014, 31: 1557-1560.

[72] 陈庆根. 无盐焙烧酸法提取五氧化二钒的新工艺研究 [J]. 矿产综合利用, 2010: 23-26.

[73] 王金超. 钙对钒渣提钒的影响 [J]. 四川有色金属, 2004: 27-30.

[74] Zhang Juhua, Zhang Wei, Zhang Li, Gu Songqing. Mechanism of vanadium slag roasting with calcium oxide [J]. International Journal of Mineral Processing, 2015, 138: 20-29.

[75] 李兰杰, 张力, 郑诗礼, 娄太平, 张懿, 陈东辉, 张燕. 钒钛磁铁矿钙化焙烧及其酸浸提钒 [J]. 过程工程学报, 2011, 11: 573-578.

[76] 郑海燕, 孙瑜, 董越, 沈峰满, 谷健. 钒钛磁铁矿钙化焙烧-酸浸提钒过程中钒铁元素的损失 [J]. 化工学报, 2015, 66: 1019-1025.

[77] 付自碧. 钒渣钙化焙烧-酸浸提钒试验研究 [J]. 钢铁钒钛, 2014, 35: 1-6.

[78] 张菊花, 张伟, 张力, 顾松青. 酸浸对钙化焙烧提钒工艺钒浸出率的影响 [J]. 东北大学学报, 2014, 35: 1574-1578.

[79] Xue Nannan, Yimin Zhang, Liu Tao, Huang Jing, Liu Hong, Chen Fang. Mechanism of vanadium extraction from stone coal via hydrating and hardening of anhydrous calcium sulfate [J]. Hydrometallurgy, 2016, 166: 48-56.

[80] Shi Peiyang, Zhang Bo, Jiang Maofa. Kinetics of the Carbonate Leaching for Calcium Metavanadate [J]. Minerals, 2016: 6.

[81] 李兰杰. 钒钛磁铁矿精矿钙化焙烧直接提钒研究 [D]. 沈阳: 东北大学, 2010.

[82] 赵博. 钒渣钙化焙烧机理的研究 [D]. 沈阳: 东北大学, 2014.

[83] 尹丹凤, 彭毅, 孙朝晖, 何文艺. 攀钢钒渣钙化焙烧影响因素研究及过程热分析 [J]. 金属矿山, 2012: 91-94.

[84] 陶长元, 于永波, 刘作华, 杜军, 范兴. 硼钙石强化转炉钒渣氧化焙烧的研究 [J]. 钢铁钒钛, 2014, 35: 6-13.

[85] 范坤, 李曾超, 李子申, 王炜鹏, 章苇玲, 郑海燕, 沈峰满. 不同钙化剂对高钒渣酸浸提钒的影响 [J]. 重庆大学学报, 2015: 151-156.

[86] Liu Huibin, Du Hao, Wang Dawei, Wang Shaona, Zheng Shili, Zhang Yi. Kinetics analysis of decomposition of vanadium slag by KOH sub-molten salt method [J]. Transactions of Nonferrous Metals Society of China, 2013, 23: 1489-1500.

[87] 王云山, 杨刚, 张金平, 陈磊. 亚熔盐法产出新铬渣的资源化研究: 新铬渣的氯化铵浸出 [J]. 湿法冶金, 2012, 31: 4.

[88] 周宏明, 郑诗礼, 张懿. KOH亚熔盐浸出低品位难分解钽铌矿的实验 [J]. 过程工程学报, 2003, 03: 459-464.

[89] 刘挥彬,杜浩,刘彪,王少娜,郑诗礼,张懿. KOH 亚熔盐中钒渣的溶出行为 [J]. 中国有色金属学报, 2013, 23: 1129-1139.

[90] Liu Biao, Du Hao, Wang Shaona, Zhang Yi, Zheng Shili, Li Lanjie, Chen Donghui. A novel method to extract vanadium and chromium from vanadium slag using molten NaOH-NaNO$_3$ binary system [J]. AIChE Journal, 2013, 59: 541-552.

[91] Xu Hongbin, Zheng Shili, Zhang Yi, Li Zi, Wang Z. Oxidative leaching of a Vietnamese chromite ore in highly concentrated potassium hydroxide aqueous solution at 300°C and atmospheric pressure [J]. Minerals Engineering, 2005, 18: 527-535.

[92] 郑诗礼,杜浩,王少娜,张懿,陈东辉,白瑞国. 亚熔盐法钒渣高效清洁提钒技术 [J]. 钢铁钒钛, 2012, 33: 15-18.

[93] 王大卫,郑诗礼,王少娜,杜浩,张懿. 钒渣 NaOH 亚熔盐法提钒工艺研究 [J]. 中国稀土学报, 2012, 30: 684-691.

[94] 张洋,孙峙,郑诗礼,张懿. KOH-KNO$_3$ 二元亚熔盐分解铬铁矿的实验研究 [J]. 化工进展, 2008, 27: 1042-1047.

[95] 江春立. 铬矿亚熔盐液相氧化工艺:多元体系溶解平衡的研究 [D]. 重庆:重庆大学, 2014.

[96] Chen Desheng, Zhao Hongxin, Hu Guoping, Qi Tao, Yu Hongdong, Zhang Guozhi, Wang Lina, Wang Weijing. An extraction process to recover vanadium from low-grade vanadium-bearing titanomagnetite [J]. J Hazard Mater, 2015, 294: 35-40.

[97] 李尚勇,谢刚,俞小花. 从含钒浸出液中萃取钒的研究现状 [J]. 有色金属, 2011, 63: 100-104.

[98] 张云,范必威,彭达平. 从酸浸石煤的萃取液中沉淀多聚钒酸铵 [J]. 稀有金属, 2001, 25: 157-160.

[99] 刘彦华,杨超. 用溶剂萃取法从含钒浸出液中直接沉淀钒 [J]. 湿法冶金, 2010, 29: 263-267.

[100] 朱军,郭继科,马晶,齐建云. 从含钒石煤酸浸液中溶剂萃取钒的试验研究 [J]. 湿法冶金, 2011, 30: 293-297.

[101] Sun Pan, Huang Kun, Liu Huizhou. Separation of V and Cr in alkaline aqueous solution using acidified primary amine N1923 [J]. Hydrometallurgy, 2016, 165, Part 2: 370-380.

[102] Zhang Ying, Zhang Tingan, Lv Guozhi, Zhang Guoquan, Liu Yan, Zhang Weiguang. Synergistic extraction of vanadium (Ⅳ) in sulfuric acid media using a mixture of D$_2$EHPA and EHEHPA [J]. Hydrometallurgy, 2016, 166: 87-93.

[103] Zeng Li, Li Qinggang, Xiao Liansheng. Extraction of vanadium from the leach solution of stone coal using ion exchange resin [J]. Hydrometallurgy, 2009, 97: 194-197.

[104] Zeng Li, Li Qinggang, Xiao Lianshen, Zhang Qixiu. A study of the vanadium species in an acid leach solution of stone coal using ion exchange resin [J]. Hydrometallurgy, 2010, 105: 176-178.

[105] Fan Yeye, Wang Xuewen, Wang Mingyu. Separation and recovery of chromium and vanadium from vanadium-containing chromate solution by ion exchange [J]. Hydrometallurgy, 2013, 136: 31-35.

[106] Dabrowski A, Hubicki Z, Podkoscielny P, Robens E. Selective removal of the heavy metal i-

ons from waters and industrial wastewaters by ion-exchange method [J]. Chemosphere, 2004, 56: 91-106.

[107] Zeng Li, Cheng Chuyong. Recovery of molybdenum and vanadium from synthetic sulphuric acid leach solutions of spent hydrodesulphurisation catalysts using solvent extraction [J]. Hydrometallurgy, 2010, 101: 141-147.

[108] 曾理, 李青刚, 肖连生. 离子交换法从石煤含钒浸出液中提钒的研究 [J]. 稀有金属, 2007: 362-366.

[109] 万洪强, 宁顺明. 离子交换树脂吸附钒的动力学研究 [J]. 矿冶工程, 2010: 73-76.

[110] 阎江峰, 陈加希, 胡亮. 铬冶金 [M]. 北京: 冶金工业出版社, 2008.

[111] 魏霞. 国内外铬工业的现状 [J]. 云南冶金, 1995: 1-6.

[112] 李龙, 于景坤, 邹宗树. 含铬耐火材料及其在冶金中的应用 [J]. 中国冶金, 2008, 18: 11-16.

[113] 马鸣, 刘一斯, 李春光. 铬钼钢制压力容器小口径弯头组件环缝不锈钢堆焊研究 [J]. 锅炉制造, 2017: 56-59.

[114] 朱鹏宇. 常温下氧化铬催化剂对NO的催化氧化反应性能研究 [D]. 太原: 中北大学, 2016.

[115] 朱鹏宇, 吴志远, 李亚冉, 刘艳, 黄海燕. 氧化铬催化剂上NO常温催化氧化反应的性能研究 [J]. 现代化工, 2016: 129-132.

[116] 李家柱, 李艳景, 田孝华, 邹玲, 赵新, 万三凤, 孙宁, 侯蒴, 李文刚. 三价铬硬铬电镀及镀层性能表征 [J]. 电镀与涂饰, 2016: 362-365.

[117] 杜登学, 隋永红, 周磊, 李文鹏, 张志鹏. 三价铬电镀的研究现状及发展 [J]. 材料保护, 2010: 29-32.

[118] 周浩. 高铬铸铁的热处理工艺及其冲击磨料磨损研究 [D]. 长沙: 湖南大学, 2014.

[119] 王俊娥. 铬铁矿强氧化焙烧过程研究 [D]. 长沙: 中南大学, 2011.

[120] Zhao Qing, Liu Chengjun, Yang Dapeng, Shi Peiyang, Jiang Maofa, Li Baokuan, Saxén Henrik, Zevenhoven Ron. A cleaner method for preparation of chromium oxide from chromite [J]. Process Safety and Environmental Protection, 2017, 105: 91-100.

[121] 王志义, 李玉锁. 铬铁矿无钙焙烧的工业应用 [J]. 铁合金, 2000: 27-30.

[122] 齐天贵. 铬铁矿强氧化焙烧理论与技术研究 [D]. 湖南: 中南大学, 2011.

[123] 王彩虹. 浅谈铬铁矿有钙焙烧和无钙焙烧的不同 [J]. 河套学院学报, 2013, 10: 96-100.

[124] 朱华山, 谢刚, 张皓东, 李荣兴, 曾桂生. 铬精矿在焙烧过程中的行为研究 [J]. 矿冶工程, 2006, 26: 57-60.

[125] 纪柱. 铬渣的物相组成及其对解毒和综合利用的影响 [J]. 化工环保, 1984, 4: 37-41.

[126] 纪柱. 铬渣长期堆存后的组成变化及其对治理的影响 [J]. 无机盐工业, 2006, 38: 8-12.

[127] 满江勇. 铬精矿冶炼工艺研究 [J]. 新疆有色金属, 2015: 43-46.

[128] 杨得军. 铬盐无钙焙烧工艺中钒、铬的分离富集研究 [D]. 昆明: 昆明理工大学, 2013.

[129] 汤培平. 铬盐的清洁生产: 无钙焙烧生产红钒钠新工艺 [J]. 化工设计, 2004, 14: 40-43.

[130] 赵备备, 王少娜, 郑诗礼, 杨得军. 铬盐无钙焙烧渣加压硫酸浸出 [J]. 过程工程学报, 2014, 14: 8.

[131] 张大威, 李霞, 纪柱. 铬铁矿无钙焙烧工艺参数控制研究 [J]. 无机盐工业, 2012,

44：3.

[132] 李小斌，齐天贵，彭志宏，刘桂华，周秋生. 铬铁矿氧化焙烧动力学 [J]. 中国有色金属学报，2010，20：1822-1828.

[133] 潘博，郑诗礼，王少娜，刘彪，杜浩，张懿. $Cr_2O_3$ 在 KOH 溶液中电场强化溶出机理及溶出影响因素 [J]. 过程工程学报，2016，16：933-940.

[134] Yu Kaiping, Chen Bo, Zhang Hongling, Zhu Guangjin, Xu Hongbin, Zhang Yi. An efficient method of chromium extraction from chromium-containing slag with a high silicon content [J]. Hydrometallurgy, 2016, 162：86-93.

[135] Zhang Hai, Xu Hongbin, Zhang Xiaofei, Zhang Yang, Zhang Yi. Pressure oxidative leaching of Indian chromite ore in concentrated NaOH solution [J]. Hydrometallurgy, 2014, 142：47-55.

[136] 杨娜，王少娜，杜浩，秦亚灵，郑诗礼，张懿. KOH 介质多元体系中铬酸钾与钒酸钾的高效结晶分离 [J]. 过程工程学报，2012，12：402-408.

[137] Wang Wei. Continuous determination of vanadium and chromium in steel and alloy [J]. Advanced Measurement and Laboratory Management, 2007, 4：9-10.

[138] 朱明华. 仪器分析 [M]. 北京：高等教育出版社，2000.

[139] Peng Hao, Liu Zuohua, Tao Changyuan. Leaching of Vanadium and Chromium from Residue [J]. Journal of Research and Development, 2016：4.

[140] 杨康，田学达，杨用龙，钟仁华，陈燕波，刘洪. 碱法浸出某含钒铬泥中的钒 [J]. 矿冶工程，2010，30：70-73.

[141] Peng Hao, Liu Zuohua, Tao Changyuan. Selective leaching of vanadium from chromium residue intensified by electric field [J]. Journal of Environmental Chemical Engineering, 2015, 3：1252-1257.

[142] Yang Kang, Zhang Xiaoyun, Tian Xueda, Yang Yonglong, Chen Yanbo. Leaching of vanadium from chromium residue [J]. Hydrometallurgy, 2010, 103：7-11.

[143] Chen Xiangyang, Lan Xinzhe, Zhang Qiuli, Ma Hongzhou, Zhou Jun. Leaching vanadium by high concentration sulfuric acid from stone coal [J]. Tramsactions of Nonferrous Metals Society of China, 2010, 20：123-126.

[144] Liu Zuohua, Nueraihemaiti Ayinuer, Chen Manli, Du Jun, Fan Xing, Tao Changyuan. Hydrometallurgical leaching process intensified by an electric field for converter vanadium slag [J]. Hydrometallurgy, 2015, 155：56-60.

[145] 刘作华，阿依努尔·努尔艾合买提，连欣，杜军，范兴，陶长元. 空气强化转炉钒渣湿法浸出行为 [J]. 化工学报，2014：3464-3469.

[146] 阿依努尔·努尔艾合买提. 转炉钒渣湿法浸出过程强化研究 [D]. 重庆：重庆大学，2015.

[147] 李少中. 电催化氧化技术降解有机废水的研究进展 [J]. 广东化工，2012，39：119-120.

[148] 刘丽丽. 电催化氧化降解难生化有机物的实验研究 [D]. 哈尔滨：哈尔滨工程大学，2006.

[149] 郝帅. 电催化氧化方法用于制药废水深度处理的实验研究 [D]. 哈尔滨：哈尔滨工业大学，2014.

[150] 潘静. 电催化氧化降解苯系废水的研究 [D]. 绵阳：西南科技大学，2015.

[151] 应传友. 电催化氧化技术的研究进展 [J]. 化学工程与装备，2010：140-142.

[152] Florian Moureaux, Philippe Stevens, Gwenaëlle Toussaint, Marian Chatenet. Development

of an oxygen-evolution electrode from 316L stainless steel: Application to the oxygen evolution reaction in aqueous lithium-air batteries [J]. Journal of Power Sources, 2013, 229: 123-132.

[153] La Favor J D, Burnett A L. A microdialysis method to measure in vivo hydrogen peroxide and superoxide in various rodent tissues [J]. Methods, 2016, 109: 131-140.

[154] 程婷, 李海松, 王敏, 买文宁, 姚萌. 铁碳微电解 $H_2O_2$ 耦合类 Fenton 法深度处理制药废水 [J]. 环境工程学报, 2015, 9: 1752-1756.

[155] 冯欣欣, 杜尔登, 郭迎庆, 李华杰, 刘翔, 周方. $UV/H_2O_2$ 降解羟苯甲酮反应动力学及影响因素 [J]. 环境科学, 2015, 36: 2129-2138.

[156] Xiao Qingcong, Yan Hong, Wei Yuansong, Wang Yawei, Zeng Fangang, Zheng Xiang. Optimization of $H_2O_2$ dosage in microwave-$H_2O_2$ process for sludge pretreatment with uniform design method [J]. Journal of Environmental Sciences, 2012, 24: 2060-2067.

[157] Peng Hao, Liu Zuohua, Tao Changyuan. A green method to leach vanadium and chromium from residue using NaOH-$H_2O_2$ [J]. Journal of Industrial and Engineering Chemistry, 2016, Under Review.

[158] Crundwell F K. The mechanism of dissolution of minerals in acidic and alkaline solutions: Part III, Application to oxide, hydroxide and sulfide minerals [J]. Hydrometallurgy, 2014, 149: 71-81.

[159] Crundwell F K. The mechanism of dissolution of minerals in acidic and alkaline solutions: Part II, Application of a new theory to silicates, aluminosilicates and quartz [J]. Hydrometallurgy, 2014, 149: 265-275.

[160] Crundwell F K. The mechanism of dissolution of minerals in acidic and alkaline solutions: Part I, A new theory of non-oxidation dissolution [J]. Hydrometallurgy, 2014, 149: 252-264.

[161] 叶大伦, 胡建华. 实用无机化学热力学手册 [M]. 北京: 冶金工业出版社, 2002.

[162] Mashovet V, Puchkov L V, Sargaev P M, Fedorov M K. Viscosity of solutions of lithium, sodium and potassium hydroxides up to 275 degrees [J]. Zh. Prikl. Khim, 1973, 46: 992-996.

[163] 陈家墉. 湿法冶金手册 [M]. 北京: 冶金工业出版社, 2008.

[164] 李旻廷. 含钒黑色页岩加压酸浸过程动力学及机理研究 [D]. 昆明: 昆明理工大学, 2012.

[165] 莫鼎成. 冶金动力学 [M]. 长沙: 中南工业大学出版社, 1987.

[166] 邹维, 尹飞. 水解沉钒动力学研究 [J]. 矿冶, 2016: 50-53.

[167] 殷兆迁, 郭继科, 陈相全, 付自碧. 钠化钒液水解沉钒的研究 [J]. 钢铁钒钛, 2015: 16-20.

[168] Kang Xingdong, Zhang Yimin, Liu Tao, Liu Jianpeng, Lu Min, Wang Ping. Experimental Study on Preparation of High-purity $V_2O_5$ with Acidic Ammonium Salt Precipitation of Vanadium-rich Liquor [J]. Multipurpose Utilization of Mineral Resources, 2008: 14-18.

[169] Tavakoli M R, Dreisinger D B. Separation of vanadium from iron by solvent extraction using acidic and neutral organophosporus extractants [J]. Hydrometallurgy, 2014, 141: 17-23.

[170] 赵艳锋, 胡会敏, 张谦硕. 钢渣吸附法处理含铬废水 [J]. 应用化工, 2015, 44: 1496-1498.

[171] 王家宏, 常娥, 丁绍兰, 郑长乐. 吸附法去除水中六价铬的研究进展 [J]. 环境科学与技

术，2012，35：67-72.

[172] 谭秋荀，张可方，赵焱，黄毅，张朝升. 活性氧化铝对六价铬的吸附研究 [J]. 环境科学与技术，2012，35：4.

[173] Huang Meirong, Peng Qianyun, Li Xingui. Rapid and effective adsorption of lead ions on fine poly (phenylenediamine) microparticles [J]. Chemistry-a European Journal, 2006, 12: 4341-4350.

[174] Huang Meirong, Lu Hongjie, Li Xingui. Synthesis and strong heavy-metal ion sorption of co-polymer microparticles from phenylenediamine and its sulfonate [J]. Journal of Materials Chemistry, 2012, 22: 17685-17699.

[175] Li Xingui, Feng Hao, Huang Meirong. Redox Sorption and Recovery of Silver Ions as Silver Nanocrystals on Poly (aniline-co-5-sulfo-2-anisidine) Nanosorbents [J]. Chemistry a European Journal, 2010, 16: 10113-10123.

[176] 黄美荣，李振宇，谢芸，李新贵. 三聚氰胺对银离子的吸附性能 [J]. 工业水处理，2006，26：36-39.

[177] Peng Hao, Liu Zuohua, Tao Changyuan. Adsorption kinetics and isotherm of vanadium with melamine [J]. Water Science and Technology, 2017, 75 (10): 2316-2321.

[178] 陶长元，彭浩，刘作华，杜军，范兴，周小霞，李文生，张兴然，刘仁龙，孙大贵，唐金晶，左赵宏，谢昭明. 一种从钒铬渣中分离回收钒和铬的方法 [P]. 中国，201410704887.2.

[179] 申半文. 无机化学丛书 [M]. 北京：科学出版社，1998.

[180] 马雷，张一敏，刘涛，黄晶. 提高酸性铵盐沉钒效果的研究 [J]. 稀有金属，2009，33：36-39.

[181] 康兴东，张一敏，刘涛，刘建明，陆岷，王萍. 酸性铵盐沉钒制备高纯 $V_2O_5$ 的试验研究 [J]. 矿产综合利用，2008：14-18.

[182] 李大标. 酸性铵盐沉钒条件实验研究 [J]. 过程工程学报，2003，3：53-56.

[183] Molla A, Ioannou Z, Mollas S, Skoufogianni E, Dimirkou A. Removal of Chromium from Soils Cultivated with Maize (Zea Mays) After the Addition of Natural Minerals as Soil Amendments [J]. Bulletin of Environmental Contamination and Toxicology, 2017, 98: 347-352.

[184] Nasseh N, Taghavi L, Barikbin B, Khodadadi M. Advantage of almond green hull over its resultant ash for chromium (Ⅵ) removal from aqueous solutions [J]. International Journal of Environmental Science and Technology, 2017, 14: 251-262.

[185] Joginder Singh, Manoj Kumar, Anil Vyas. Healthy Response from Chromium Survived Pteridophytic Plant-Ampelopteris proliferawith the Interaction of Mycorrhizal Fungus-Glomus deserticola [J]. International Journal of Phytoremediation, 2014, 16: 524-535.

[186] Ma Hongrui, Zhou Jianjun, Hua Li, Cheng Fengxia, Zhou Lixiang, Qiao Xianrong. Chromium recovery from tannery sludge by bioleaching and its reuse in tanning process [J]. Journal of Cleaner Production, 2017, 142, Part 4: 2752-2760.

[187] Mukherjee Kakali, Saha Rumpa, Ghosh Aniruddha, Saha Bidyut. Chromium removal technologies [J]. Research on Chemical Intermediates, 2013, 39: 2267-2286.

[188] Marinho Belisa A, Cristóvão Raquel O, Djellabi Ridha, Loureiro José M, Boaventura Rui A R, Vilar Vítor J P. Photocatalytic reduction of Cr (Ⅵ) over $TiO_2$-coated cellulose acetate

monolithic structures using solar light [J]. Applied Catalysis B: Environmental, 2017, 203: 18-30.

[189] Yin Weizhao, Li Yongtao, Wu Jinhua, Chen Guocai, Jiang Gangbiao, Li Ping, Gu Jingjing, Liang Hao, Liu Chuansheng. Enhanced Cr (Ⅵ) removal from groundwater by $Fe^0$-$H_2O$ system with bio-amended iron corrosion [J]. J Hazard Mater, 2017, 332: 42-50.

[190] He Xin, Qiu Xinhong, Chen Jinyi. Preparation of Fe (Ⅱ) -Al layered double hydroxides: Application to the adsorption/reduction of chromium [J]. Colloids and Surfaces A: Physicochemical and Engineering Aspects, 2017, 516: 362-374.

[191] Fu Rongbing, Zhang Xian, Xu Zhen, Guo Xiaopin, Bi Dongsu, Zhang Wei. Fast and highly efficient removal of chromium (Ⅵ) using humus-supported nanoscale zero-valent iron: Influencing factors, kinetics and mechanism [J]. Separation and Purification Technology, 2017, 174: 362-371.

[192] Wei Yufen, Fang Zhanqiang, Zheng Liuchun, Tsang Eric Pokeung. Biosynthesized iron nanoparticles in aqueous extracts of Eichhornia crassipes and its mechanism in the hexavalent chromium removal [J]. Applied Surface Science, 2017, 399: 322-329.

[193] Ouyang Xin, Han Yitong, Cao Xi, Chen Jiawei. Magnetic biochar combining adsorption and separation recycle for removal of chromium in aqueous solution [J]. Water Science and Technology, 2017, 75: 1177.

[194] Li Shuhui, Liu Lei, Yu Yifeng, Wang Guoxu, Zhang Hongliang, Chen Aibing. $Fe_3O_4$ modified mesoporous carbon nanospheres: Magnetically separable adsorbent for hexavalent chromium [J]. Journal of Alloys and Compounds, 2017, 698: 20-26.

[195] 徐灵,王成端,姚岚. 离子交换树脂处理含铬废水的研究 [J]. 工业安全与环保, 2007, 33: 12-13.

[196] Hua Ming, Yang Bowen, Shan Chao, Zhang Weiming, He Shiya, Lv Lu, Pan Bingcai. Simultaneous removal of As (Ⅴ) and Cr (Ⅵ) from water by macroporous anion exchanger supported nanoscale hydrous ferric oxide composite [J]. Chemosphere, 2017, 171: 126-133.

[197] Liu Shiyuan, Wang Lijun, Chou Kuochih. A Novel Process for Simultaneous Extraction of Iron, Vanadium, Manganese, Chromium, and Titanium from Vanadium Slag by Molten Salt Electrolysis [J]. Industrial & Engineering Chemistry Research, 2016, 55: 12962-12969.

[198] Jyothi M S, Vignesh Nayak, Mahesh Padaki, Geetha Balakrishna R, Khantong Soontarapa. Eco-friendly membrane process and product development for complete elimination of chromium toxicity in wastewater [J]. J Hazard Mater, 2017, 332: 112-123.

[199] Habiba Umma, Siddique Tawsif A, Joo Tan Chin, Salleh Areisman, Ang Bee Chin, Afifi Amalina M. Synthesis of chitosan/polyvinyl alcohol/zeolite composite for removal of methyl orange, Congo red and chromium (Ⅵ) by flocculation/adsorption [J]. Carbohydrate Polymers, 2017, 157: 1568-1576.

[200] Joseph M Matong, Luthando Nyaba, Philiswa N Nomngongo. Determination of As, Cr, Mo, Sb, Se and V in agricultural soil samples by inductively coupled plasma optical emission spectrometry after simple and rapid solvent extraction using choline chloride-oxalic acid deep eutectic solvent [J]. Ecotoxicology and Environmental Safety, 2017, 135: 152-157.

[201] 钱会, 马致远. 水文地球化学 [M]. 北京: 地质出版社, 2005.

[202] 大连理工大学无机化学教研室. 无机化学 [M]. 北京: 高等教育出版社, 2001.

[203] Anjass M H, Kastner K, Nagele F, Ringenberg M, Boas J F, Zhang J, Bond A M, Jacob T, Streb C. Stabilization of Low-Valent Iron (Ⅰ) in a High-Valent Vanadium (Ⅴ) Oxide Cluster [J]. Angew Chem Int Ed Engl, 2017, 56: 14749-14752.

[204] Mikhail B Smirnov, Viatcheslav Yu Kazimirov, Rita Baddour-Hadjean, Konstantin S Smirnov, Jean-Pierre Pereira-Ramos. Atomistic mechanism of phase transition in vanadium pentoxide [J]. Journal of Physics and Chemistry of Solids, 2014, 75: 115-122.

[205] Yu Zadorozhnyy V, Klyamkin S N, Yu Zadorozhnyy M, Bermesheva O V, Kaloshkin S D. Mechanical alloying of nanocrystalline intermetallic compound TiFe doped by aluminum and chromium [J]. Journal of Alloys and Compounds, 2014, 586: S56-S60.

[206] Vasily Efremenko, Kazumichi Shimizu, Yuliia Chabak. Effect of Destabilizing Heat Treatment on Solid-State Phase Transformation in High-Chromium Cast Irons [J]. Metall and Mat Trans A, 2013, 44: 5434-5446.

[207] Mechthild Lübke, Ning Ding, Michael J Powell, Dan J L Brett, Paul R Shearing, Zhaolin Liu, Jawwad A Darr. $VO_2$ nano-sheet negative electrodes for lithium-ion batteries [J]. Electrochemistry Communications, 2016, 64: 56-60.

[208] Volkov A, Kologrieva U, Kovalev A, Wainstein D, Vakhrushev V. Vanadium Chemical Compounds forms in Wastes of Vanadium Pentoxide Production [J]. Materials (Basel), 2020: 13.

[209] Rahimi G, Rastegar S O, Rahmani Chianeha F, Gu T. Ultrasound-assisted leaching of vanadium from fly ash using lemon juice organic acids [J]. RSC Advances, 2020, 10: 1685.

[210] Li Hongyi, Wang Chengjie, Lin Minmin, Guo Yun, Xie Bing. Green one-step roasting method for efficient extraction of vanadium and chromium from vanadium-chromium slag [J]. Powder Technol, 2020, 360: 503-508.

[211] Ulyana Kologrieva, Anton Volkov, Dmitry Zinoveev, Irina Krasnyanskaya, Pavel Stulov. The Investigate of Vanadium-Containing Slurry Oxidation Roasting Process for Vanadium Extraction [J]. Preprints, 2020.

[212] Rorie Gilligan, Aleksandar N Nikoloski. The extraction of vanadium from titanomagnetites and other sources [J]. Miner. Eng, 2020, 146: 106106.

[213] Khlyustikov I N. Surface Superconductivity of Vanadium [J]. Journal of Experimental and Theoretical Physics, 2021, 132: 453-456.

[214] Tatjana Jantzen, Elena Yazhenskikh, Klaus Hack, Moritz To Baben, Guixuan Wu, Michael Müller. Addition of $V_2O_5$ and $V_2O_3$ to the $CaO-FeO-Fe_2O_3-MgO-SiO_2$ database for vanadium distribution and viscosity calculations [J]. Calphad, 2021, 74: 102284.

[215] Gao Feng, Afolabi Uthmon Olayiwola, Liu Biao, Wang Shaona, Du Hao, Li Jianzhong, Wang Xindong, Chen Donghui, Zhang Yi. Review of Vanadium Production Part Ⅰ: Primary Resources [J]. Miner Process Extr M, 2021: 1-23.

[216] Dieter Rehder. The potentiality of vanadium in medicinal applications [J]. Inorganica Chimica Acta, 2020, 504: 119445.

[217] Hao Peng. A literature review on leaching and recovery of vanadium [J]. J. Environ. Chem. Eng,

2019, 7: 103313.

[218] Lee Jae-Chun, Kurniawan, Kim Eun-Young, Chung Kyeong Woo, Kim Rina, Jeon Ho-Seok. A review on the metallurgical recycling of vanadium from slags: towards a sustainable vanadium production [J]. Journal of Materials Research and Technology, 2021, 12: 343-364.

[219] Wang Mingyu, Huang Sheng, Chen Bianfang, Wang Xuewen. A review of processing technologies for vanadium extraction from stone coal [J]. Mineral Processing and Extractive Metallurgy, 2018, 129: 290-298.

[220] Cotton F, Wilkinson G. Química Inorgánica Avanzada, 1999.

[221] Baroch E F, Vanadium, Vanadium Alloys, Wiley Editorial, ed. Encyclopedia of Chemical Technology [J]. Kirk-Othmer, 2006.

[222] Robert Crichton, Molybdenum, Tungsten, Vanadium, Chromium//Crichton R, Ed. Biological Inorganic Chemistry. Third Edition. Academic Press, 2019: 475-498.

[223] Marden J W, Rich M N. Vanadium1 [J]. Industrial & Engineering Chemistry, 1927, 19: 786-788.

[224] Wang Zhenghao, Chen Liang, Tahani Aldahrib, Li Chun, Liu Weizao, Zhang Guoquan, Yang Yuhao, Luo Dongmei. Direct recovery of low valence vanadium from vanadium slag-Effect of roasting on vanadium leaching [J]. Hydrometallurgy, 2020, 191: 105156.

[225] Bellenberg S, Turner S, Seidel L, van Wyk N, Zhang R, Sachpazidou V, Embile R F, Jr., Walder I, Leiviska T, Dopson M. Towards Bioleaching of a Vanadium Containing Magnetite for Metal Recovery [J]. Frontiers in microbiology, 2021, 12: 693615.

[226] Li Qichao, Liu Zhenyu, Liu Qingya. Kinetics of Vanadium Leaching from a Spent Industrial $V_2O_5/TiO_2$ Catalyst by Sulfuric Acid [J]. Ind Eng Chem Res, 2014, 53: 2956-2962.

[227] Ning Pengge, Lin Xiao, Cao Hongbin, Zhang Yi. Selective extraction and deep separation of V(V) and Cr(VI) in the leaching solution of chromium-bearing vanadium slag with primary amine LK-N21 [J]. Sep Purif Technol, 2014, 137: 109-115.

[228] Peng Hao, Shang Qian, Chen Ronghua, Zhang Liuying, Chen Ya, Guo Jing. Step-Adsorption of Vanadium (V) and Chromium (VI) in the Leaching Solution with Melamine [J]. Sci Rep-Uk, 2020, 10: 6326.

[229] Peng Hao, Shang Qian, Chen Ronghua, Leng Yumeng, Guo Jing, Liu Zuohua, Tao Changyuan. Oxidative Leaching Kinetics of Vanadium from the Vanadium-Chromium-Reducing Residue with $K_2Cr_2O_7$ [J]. ACS Omega, 2020, 5: 8777-8783.

[230] Peng H, Guo J, Zhang X. Leaching Kinetics of Vanadium from Calcium-Roasting High-Chromium Vanadium Slag Enhanced by Electric Field [J]. ACS Omega, 2020, 5: 17664-17671.

[231] Peng Hao, Yang Liu, Chen Ya, Guo Jing. A Novel Technology for Recovery and Separation of Vanadium and Chromium from Vanadium-Chromium Reducing Residue [J]. Appl. Sci, 2019, 10: 198.

[232] Peng Hao, Liu Zuohua, Tao Changyuan. A green method to leach vanadium and chromium from residue using $NaOH-H_2O_2$ [J]. Sci Rep-Uk, 2018, 8: 426.

[233] Edgar Del Carpio, Lino Hernández, Carlos Ciangherotti, Valentina Villalobos Coa, Lissette Jiménez, Vito Lubes, Giuseppe Lubes. Vanadium: History, chemistry, interactions with α-

amino acids and potential therapeutic applications [J]. Coordination Chemistry Reviews, 2018, 372: 117-140.

[234] Obenhuber A H, Gianetti T L, Berrebi X, Bergman R G, Arnold J. Reaction of (Bisimido) niobium (Ⅴ) Complexes with Organic Azides: [3+2] Cycloaddition and Reversible Cleavage of beta-Diketiminato Ligands Involving Nitrene Transfer [J]. Journal of the American Chemical Society, 2014, 136: 2994-2997.

[235] Langeslay R R, Kaphan D M, Marshall C L, Stair P C, Sattelberger A P, Delferro M. Catalytic Applications of Vanadium: A Mechanistic Perspective [J]. Chem. Rev, 2019, 119: 2128-2191.

[236] Zhang Xuefei, Fang Dean, Song Shizhe, Cheng Gongjin, Xue Xiangxin. Selective leaching of vanadium over iron from vanadium slag [J]. Journal of hazardous materials, 2019, 368: 300-307.

[237] Wen Jing, Jiang Tao, Gao Huiyang, Zhou Wanying, Xu Yingzhe, Zheng Xiaole, Liu Yajing, Xue Xiangxin. An efficient utilization of chromium-containing vanadium tailings: Extraction of chromium by soda roasting-water leaching and preparation of chromium oxide [J]. Journal of environmental management, 2019, 244: 119-126.

[238] Peng Hao, Yang Liu, Chen Ya, Guo Jing, Li Bing. Recovery and Separation of Vanadium and Chromium by Two-Step Alkaline Leaching Enhanced with an Electric Field and H2O2 [J]. ACS Omega, 2020, 5: 5340-5345.

[239] Petr Shvets, Olga Dikaya, Ksenia Maksimova, Alexander Goikhman. A review of Raman spectroscopy of vanadium oxides [J]. Journal of Raman Spectroscopy, 2019, 50: 1226-1244.

[240] Peng Hao, Liu Zuohua, Tao Changyuan. Chaotic phenomenon in Vanadium Redox flow Battery [J]. International Journal of Petrochemical Science & Engineering, 2017, 2: 00031.

[241] Bardell P S. The origins of alloy steels (nineteenth-century) [J]. History of technology. 9th annual volume, 1984: 1-29.

[242] Bayer A M, Becherer B A, Teledyne V. High speed tool steel [J]. ASM Handbook, 1989, 16: 51-59.

[243] Liang Y J, Liu D, Wang H M. Microstructure and mechanical behavior of commercial purity Ti/Ti-6Al-2Zr-1Mo-1V structurally graded material fabricated by laser additive manufacturing [J]. Scripta Mater, 2014, 74: 80-83.

[244] Kodama S, Taya N, Ishii Y. A Novel Octanuclear Vanadium (Ⅴ) Oxide Cluster Complex Having an Unprecedented Neutral $V_8O_{20}$ Core Functionalized with 4, 4'-Di-tert-butyl-2, 2'-bipyridine [J]. Inorganic chemistry, 2014, 53: 2754-2756.

[245] Suwarno S, Solberg J K, Maehlen J P, Krogh B, Yartys V A. Influence of Cr on the hydrogen storage properties of Ti-rich Ti-V-Cr alloys [J]. International Journal of Hydrogen Energy, 2012, 37: 7624-7628.

[246] Muroga T, Nagasaka T, Abe K, Chernov V M, Matsui H, Smith D L, Xu Z Y, Zinkle S J. Vanadium alloys-overview and recent results [J]. Journal of Nuclear Materials, 2002, 307-311: 547-554.

[247] Uchida M, Nihira N, Mitsuo A, Toyoda K, Kubota K, Aizawa T. Friction and wear prop-

[248] Fan C W, Lee S C. Effects in Surface Free Energy of Sputter-Deposited VNx Films [J]. J Adhes Sci Technol, 2010, 24: 255-265.

[249] Kwon H, Yoo J H, Roh K M, Suh C Y, Kım W B, Cho S W. Effect of particle size and microstructure on the hydrogen storage property in a V-Ti-Cr solid solution system [J]. Journal of Alloys and Compounds, 2012, 535: 87-90.

[250] Koneva A A. Cr-V oxides in metamorphic rocks, Lake Baikal, Russia [J]. Neues Jb Miner Monat, 2002: 541-550.

[251] Evtikhin V A, Lyublinski I E, Vertkov A V, Votinov S N, Dedyurin A I. Influence of alloying and impurity element contents on V-Ti-Cr alloy properties [J]. Journal of Nuclear Materials, 2002, 307: 591-595.

[252] Maria Skyllas-Kazacos, George Kazacos, Grace Poon, Hugh Verseema. Recent advances with UNSW vanadium-based redox flow batteries [J]. International Journal of Energy Research, 2010, 34: 182-189.

[253] Krzysztof Mazurek. Recovery of vanadium, potassium and iron from a spent vanadium catalyst by oxalic acid solution leaching, precipitation and ion exchange processes [J]. Hydrometallurgy, 2013, 134-135: 26-31.

[254] Matos I, Zhang Y J, Fonseca I, Lemos F, Lemos M, Freire F, Fernandes A C, Do Rego A M B, Valente A, Mano J F, Henriques R T, Marques M M. Ethylene polymerization over transition metal supported catalysts. III. Vanadium [J]. E-Polymers, 2006.

[255] Kalinkin P, Kovalenko O, Lapina O, Khabibulin D, Kundo N. Kinetic peculiarities in the low-temperature oxidation of $H_2S$ over vanadium catalysts [J]. J Mol Catal a-Chem, 2002, 178: 173-180.

[256] Rolf Bertil Eklund. The rate of oxidation of sulfur dioxide with a commercial vanadium catalyst//Royal Instutute of Technology [J]. Uppsala, 1956: 83.

[257] Maria Skyllas-Kazacos. Novel vanadium chloride/polyhalide redox flow battery [J]. Journal of Power Sources, 2003, 124: 299-302.

[258] Huang Xiaodong, Pu Yang, Zhou Yuqin, Zhang Yaping, Zhang Hongping. In-situ and ex-situ degradation of sulfonated polyimide membrane for vanadium redox flow battery application [J]. Journal of Membrane Science, 2017, 526: 281-292.

[259] Choi Chanyong, Kim Soohyun, Kim Riyul, Choi Yunsuk, Kim Soowhan, Jung Ho-Young, Yang Junghoon, Kim Hee-Tak. A review of vanadium electrolytes for vanadium redox flow batteries [J]. Renewable and Sustainable Energy Reviews, 2017, 69: 263-274.

[260] Skyllas-Kazacos M, Cao L, Kazacos M, Kausar N, Mousa A. Vanadium Electrolyte Studies for the Vanadium Redox Battery-A Review [J]. ChemSusChem, 2016, 9: 1521-1543.

[261] Baccino F, Marinelli M, Norgard P, Silvestro F. Experimental testing procedures and dynamic model validation for vanadium redox flow battery storage system [J]. Journal of Power Sources, 2014, 254: 277-286.

[262] Qin Ye, Liu Jian-Guo, Yan Chuan-Wei. Thermodynamic Investigation of Electrolytes of the Vanadi-

um Redox Flow Battery (Ⅲ): Volumetric Properties of Aqueous VOSO$_4$ [J]. Journal of Chemical & Engineering Data, 2012, 57: 102-105.

[263] Ke Y, Wang S, Liu G, Li M, White T J, Long Y. Vanadium Dioxide: The Multistimuli Responsive Material and Its Applications [J]. Small, 2018, 14: e1802025.

[264] Peng Hao, Liu Zuohua, Tao Changyuan. Electrochemical oscillation of vanadium ions in anolyte [J]. Journal of Electrochemical Science and Engineering, 2017, 7: 139.

[265] Owolabi I A, Mandiwana K L, Panichev N. Speciation of chromium and vanadium in medicinal plants [J]. South African Journal of Chemistry, 2016, 69: 67-71.

[266] Antal D S, Dehelean C A, Canciu C M, Anke M. Vanadium in medicinal plants: New data on the occurrence of an element both essential and toxic to plants and man [J]. Fascicula Biologie, 2009, 16: 5-10.

[267] Huang Jen-How, Huang Fang, Les Evans, Susan Glasauer. Vanadium: Global (bio) geochemistry [J]. Chem Geol, 2015, 417: 68-89.

[268] Leblanc C, Vilter H, Fournier J B, Delage L, Potin P, Rebuffet E, Michel G, Solari P L, Feiters M C, Czjzek M. Vanadium haloperoxidases: From the discovery 30 years ago to X-ray crystallographic and V K-edge absorption spectroscopic studies [J]. Coordin Chem Rev, 2015, 301-302: 134-146.

[269] Daniel Sippel, Oliver Einsle. The structure of vanadium nitrogenase reveals an unusual bridging ligand [J]. Nature Chemical Biology, 2017, 13: 956-960.

[270] Daniel Sippel, Michael Rohde, Julia Netzer, Christian Trncik, Jakob Gies, Katharina Grunau, Ivana Djurdjevic, Laure Decamps, Susana L A Andrade, Oliver Einsle. A Bound Reaction Intermediate Sheds Light on the Mechanism of Nitrogenase [J]. Science, 2018, 359: 1484-1489.

[271] Aviva Levina, Peter A Lay. Stabilities and Biological Activities of Vanadium Drugs: What is the Nature of the Active Species? [J]. Chemistry A European Journal, 2017, 12: 1692-1699.

[272] Jon Petter Gustafsson. Vanadium geochemistry in the biogeosphere speciation, solid-solution interactions, and ecotoxicity [J]. Appl Geochem, 2019, 102: 1-25.

[273] Katherine H Thompson, John H Mcneill, Chris Orvig. Vanadium Compounds as Insulin Mimics [J]. Chemical reviews, 1999, 99: 2561-2572.

[274] Chen L, Liu J R, Hu W F, Gao J, Yang J Y. Vanadium in soil-plant system: Source, fate, toxicity, and bioremediation [J]. Journal of hazardous materials, 2021, 405: 124200.

[275] Zhang Jing, Dong Hailiang, Zhao Linduo, Mccarrick Robert, Agrawal Abinash. Microbial reduction and precipitation of vanadium by mesophilic and thermophilic methanogens [J]. Chemical Geology, 2014, 370: 29-39.

[276] Wang Song, Zhang Baogang, Diao Muhe, Shi Jiaxin, Jiang Yufeng, Cheng Yutong, Liu Hui. Enhancement of synchronous bio-reductions of vanadium (Ⅴ) and chromium (Ⅵ) by mixed anaerobic culture [J]. Environ Pollut, 2018, 242: 249-256.

[277] Zhang Baogang, Feng Chuanping, Ni Jinren, Zhang Jing, Huang Wenli. Simultaneous reduction of vanadium (Ⅴ) and chromium (Ⅵ) with enhanced energy recovery based on microbial fuel cell technology [J]. Journal of Power Sources, 2012, 204: 34-39.

[278] Xu Xiaoyin, Xia Siqing, Zhou Lijie, Zhang Zhiqiang, Bruce E Rittmann. Bioreduction of va-

nadium (V) in groundwater by autohydrogentrophic bacteria: Mechanisms and microorganisms [J]. Journal of Environmental Sciences, 2015, 30: 122-128.

[279] Chen Dan, Xiao Zhixing, Wang Hongyu, Yang Kai. Toxic effects of vanadium (V) on a combined autotrophic denitrification system using sulfur and hydrogen as electron donors [J]. Bioresource Technology, 2018, 264: 319-326.

[280] Liu Hui, Zhang Baogang, Yuan Heyang, Cheng Yutong, Wang Song, He Zhen. Microbial reduction of vanadium (V) in groundwater: Interactions with coexisting common electron acceptors and analysis of microbial community [J]. Environmental Pollution, 2017, 231: 1362-1369.

[281] Hao Liting, Liu Yongjie, Chen Nan, Hao Xiaodi, Zhang Baogang, Feng Chuanping. Microbial removal of vanadium (V) from groundwater by sawdust used as a sole carbon source [J]. Sci Total Environ, 2021, 751: 142161.

[282] Li Min, Zhang Baogang, Zou Shiqiang, Liu Qingsong, Yang Meng. Highly selective adsorption of vanadium (V) by nano-hydrous zirconium oxide-modified anion exchange resin [J]. Journal of Hazardous Materials, 2020, 384: 121386.

[283] Cin-Ty Aeolus Lee, Alan D Brandon, Marc Norman. Vanadium in peridotites as a proxy for paleo-$fO_2$ during partial melting: prospects, limitations, and implications [J]. Geochimica et Cosmochimica Acta, 2003, 67: 3045-3064.

[284] Kevin Righter, Steve R Sutton, Lisa Danielson, Kellye Pando, Matt Newville. Redox variations in the inner solar system with new constraints from vanadium XANES in spinels [J]. Am Mineral, 2016, 101: 1928-1942.

[285] Rehder D. Is vanadium a more versatile target in the activity of primordial life forms than hitherto anticipated? [J]. Organic & biomolecular chemistry, 2008, 6: 957-964.

[286] Biswajit Mukherjee, Balaram Patra, Sushmita Mahapatra, Pratik Banerjee, Amit Tiwari, Malay Chatterjee. Vanadium——an element of atypical biological significance [J]. Toxicology Letters, 2004, 150: 135-143.

[287] Yang Wei, Teng Fang-Zhen, Li Wang-Ye, Liu Sheng-Ao, Shan Ke, Liu Yong-Sheng, Zhang Hong-Fu, Gao Shan. Magnesium isotopic composition of the deep continental crust [J]. Am Mineral, 2016, 101: 243-252.

[288] Roberta L Rudnick, David M Fountain. Nature and composition of the continental crust: A lower crustal perspective [J]. Reviews of Geophysics, 1995, 33: 267-309.

[289] Koljonen T, Gustavsson N, Noras P, Tanskanen H. Geochemical Atlas of Finland: preliminary aspects [J]. J Geochem Explor, 1989, 32: 231-242.

[290] Chao Liu, Ahmed Eleish, Grethe Hystad, Joshua J Golden, Robert T Downs, Shaunna M Morrison, Daniel R Hummer, Jolyon P Ralph, Peter Fox, Robert M Hazen. Analysis and visualization of vanadium mineral diversity and distribution [J]. Am Mineral, 2018, 103: 1080-1086.

[291] Michael Schindler, Frank C Hawthorne. Schubnelite, [$Fe^{3+}$ ($V^{5+}O_4$) ($H_2O$)], a novel heteropolyhedral framework mineral [J]. Am Mineral, 1999, 84: 665-668.

[292] Schindler M, Hawthorne F C, Baur W H. Crystal Chemical Aspects of Vanadium: Polyhedral Geometries, Characteristic Bond Valences, and Polymerization of (VOn) Polyhedra [J].

Chem Mater, 2000, 12: 1248-1259.

[293] Irem Zeynep Yildirim, Monica Prezzi. Chemical, Mineralogical, and Morphological Properties of Steel Slag [J]. Advances in Civil Engineering, 2011: 463638.

[294] Li Hong-Yi, Fang Hai-Xing, Wang Kang, Zhou Wang, Yang Zhao, Yan Xiao-Man, Ge Wen-Sun, Li Qian-Wen, Xie Bing. Asynchronous extraction of vanadium and chromium from vanadium slag by stepwise sodium roasting-water leaching [J]. Hydrometallurgy, 2015, 156: 124-135.

[295] Zhang X, Xie B, Diao J, Li X J. Nucleation and growth kinetics of spinel crystals in vanadium slag [J]. Ironmak Steelmak, 2012, 39: 147-154.

[296] Li Wang, Zhang Yimin, Liu Tao, Huang Jing, Wang Yi. Comparison of ion exchange and solvent extraction in recovering vanadium from sulfuric acid leach solutions of stone coal [J]. Hydrometallurgy, 2013, 131-132: 1-7.

[297] Aarabi-Karasgani M, Rashchi F, Mostoufi N, Vahidi E. Leaching of vanadium from LD converter slag using sulfuric acid [J]. Hydrometallurgy, 2010, 102: 14-21.

[298] Dabbagh A, Heidary Moghadam A, Naderi S, Hamdi M. A study on the effect of coke particle size on the thermal profile of the sinters produced in Esfahan Steel Company (ESCO) [J]. J S Afr I Min Metall, 2013, 113: 941-945.

[299] Li Xin-Sheng, Xie Bing. Extraction of vanadium from high calcium vanadium slag using direct roasting and soda leaching [J]. International Journal of Minerals, Metallurgy, and Materials, 2012, 19: 595-601.

[300] Song Wen-Chen, Li Kun, Zheng Quan, Li Hong. A Novel Process of Vanadium Extraction from Molten Vanadium Bearing Slag [J]. Waste and Biomass Valorization, 2014, 5: 327-332.

[301] Xiao Qinggui, Chen Yin, Gao Yiying, Xu Hongbin, Zhang Yi. Leaching of silica from vanadium-bearing steel slag in sodium hydroxide solution [J]. Hydrometallurgy, 2010, 104: 216-221.

[302] Wu Kanghua, Wang Yaru, Wang Xinran, Wang Shaona, Liu Biao, Zhang Yi, Du Hao. Co-extraction of vanadium and chromium from high chromium containing vanadium slag by low-pressure liquid phase oxidation method [J]. Journal of Cleaner Production, 2018, 203: 873-884.

[303] Liu Biao, Du Hao, Wang Shaona, Zhang Yi, Zheng Shili, Li Lanjie, Chen Donghui. A novel method to extract vanadium and chromium from vanadium slag using molten NaOH-NaNO$_3$ binary system [J]. AIChE Journal, 2013, 59: 541-552.

[304] Li Xin, Yu Honghao, Xue Xiangxin. Extraction of Iron from Vanadium Slag Using Pressure Acid Leaching [J]. Procedia Environmental Sciences, 2016, 31: 582-588.

[305] Zhang Juhua, Zhang Wei, Zhang Li, Gu Songqing. Mechanism of vanadium slag roasting with calcium oxide [J]. International Journal of Mineral Processing, 2015, 138: 20-29.

[306] Yu L, Dong Y C, Ye G Z, Du Sichen. Concentrating of vanadium oxide in vanadium rich phase(s) by addition of SiO$_2$ in converter slag [J]. Ironmak Steelmak, 2007, 34: 131-137.

[307] Dong Mengge, Xue Xiangxin, Yang He, Liu Dong, Wang Chao, Li Zhefu. A novel compre-

hensive utilization of vanadium slag: As gamma ray shielding material [J]. Journal of hazardous materials, 2016, 318: 751-757.

[308] Andrew J Hobson, Douglas I Stewart, Robert J G Mortimer, William M Mayes, Mike Rogerson, Ian T Burke. Leaching behaviour of co-disposed steel making wastes: Effects of acration on leachate chemistry and vanadium mobilisation [J]. Waste Manage, 2018, 81: 1-10.

[309] Li Zeng, Chu Yong Cheng. A literature review of the recovery of molybdenum and vanadium from spent hydrodesulphurisation catalysts: Part II: Separation and purification [J]. Hydrometallurgy, 2009, 98: 10-20.

[310] Mirazimi S M J, Rashchi F, Saba M. A new approach for direct leaching of vanadium from LD converter slag [J]. Chemical Engineering Research and Design, 2015, 94: 131-140.

[311] Li Meng, Zheng Shili, Liu Biao, Wang Shaona, Dreisinger D B, Zhang Yang, Du Hao, Zhang Yi. A Clean and Efficient Method for Recovery of Vanadium from Vanadium Slag: Nonsalt Roasting and Ammonium Carbonate Leaching Processes [J]. Miner Process Extr M, 2017, 38: 228-237.

[312] Li Meng, Du Hao, Zheng Shili, Wang Shaona, Zhang Yang, Liu Biao, Dreisinger David Bruce, Zhang Yi. Extraction of Vanadium from Vanadium Slag Via Non-salt Roasting and Ammonium Oxalate Leaching [J]. Jom, 2017, 69: 1970-1975.

[313] Cai Zhenlei, Zhang Yimin. Phase transformations of vanadium recovery from refractory stone coal by novel NaOH molten roasting and water leaching technology [J]. RSC Advances, 2017, 7: 36917-36922.

[314] Ji Yilong, Shen Shaobo, Liu Jianhua, Xue Yuan. Cleaner and effective process for extracting vanadium from vanadium slag by using an innovative three-phase roasting reaction [J]. J Clean Prod, 2017, 149: 1068-1078.

[315] Zhang Yimin, Bao Shenxu, Liu Tao, Chen Tiejun, Huang Jing. The technology of extracting vanadium from stone coal in China: History, current status and future prospects [J]. Hydrometallurgy, 2011, 109: 116-124.

[316] Wen Jing, Jiang Tao, Xu Yingzhe, Cao Jing, Xue Xiangxin. Efficient extraction and separation of vanadium and chromium in high chromium vanadium slag by sodium salt roasting-$(NH_4)_2SO_4$ leaching [J]. Journal of Industrial and Engineering Chemistry, 2018, 71: 327-325.

[317] Zhao Yunliang, Wang Wei, Zhang Yimin, Song Shaoxian, Bao Shenxu. In-situ investigation on mineral phase transition during roasting of vanadium-bearing stone coal [J]. Advanced Powder Technology, 2017, 28: 1103-1107.

[318] Ye Puhong, Wang Xuewen, Wang Mingyu, Fan Yeye, Xiang Xiaoyan. Recovery of vanadium from stone coal acid leaching solution by coprecipitation, alkaline roasting and water leaching [J]. Hydrometallurgy, 2012, 117-118: 108-115.

[319] Zhang Ying, Zhang Tingan, Dreisinger David, Lv Changxiao, Lv Guozhi, Zhang Weiguang. Recovery of vanadium from calcification roasted-acid leaching tailing by enhanced acid leaching [J]. J Hazard Mater, 2019, 369: 632-641.

[320] Wen Jing, Jiang Tao, Zhou Mi, Gao Huiyang, Liu Jiayi, Xue Xiangxin. Roasting and leaching behaviors of vanadium and chromium in calcification roasting-acid leaching of high-chro-

mium vanadium slag [J]. International Journal of Minerals, Metallurgy and Materials, 2018, 58: 515-526.

[321] Zhang Juhua, Zhang Wei, Xue Zhengliang. Oxidation Kinetics of Vanadium Slag Roasting in the Presence of Calcium Oxide [J]. Mineral Processing and Extractive Metallurgy Review, 2017, 38: 265-273.

[322] Yang Qiwen, Xie Zhaoming, Peng Hao, Liu Zuohua, Tao Changyuan. Leaching of vanadium and chromium from converter vanadium slag intensified with surface wettability [J]. Journal of Central South University, 2018, 25: 1317-1325.

[323] Xiang Junyi, Huang Qingyun, Lv Xuewei, Bai Chenguang. Extraction of vanadium from converter slag by two-step sulfuric acid leaching process [J]. J Clean Prod, 2018, 170: 1089-1101.

[324] Li Meng, Liu Biao, Zheng Shili, Wang Shaona, Du Hao, Dreisinger D B, Zhang Yi. A cleaner vanadium extraction method featuring non-salt roasting and ammonium bicarbonate leaching [J]. Journal of Cleaner Production, 2017, 149: 206-217.

[325] Li Hongyi, Wang Kang, Hua Weihao, Yang Zhao, Zhou Wang, Xie Bing. Selective leaching of vanadium in calcification-roasted vanadium slag by ammonium carbonate [J]. Hydrometallurgy, 2016, 160: 18-25.

[326] Liu Shiyuan, Wang Lijun, Chou Kuochih. A Novel Process for Simultaneous Extraction of Iron, Vanadium, Manganese, Chromium, and Titanium from Vanadium Slag by Molten Salt Electrolysis [J]. Ind Eng Chem Res, 2016, 55: 12962-12969.

[327] Li Xinsheng, Xie Bing, Wang Guangen, Li Xiaojun. Oxidation process of low-grade vanadium slag in presence of $Na_2CO_3$ [J]. Transactions of Nonferrous Metals Society of China, 2011, 21: 1860-1867.

[328] Wen Jing, Jiang Tao, Xu Yingzhe, Liu Jiayi, Xue Xiangxin. Efficient Separation and Extraction of Vanadium and Chromium in High Chromium Vanadium Slag by Selective Two-Stage Roasting-Leaching [J]. Metallurgical and Materials Transactions B, 2018, 49: 1471-1481.

[329] Wang Guang, Lin Min-Min, Diao Jiang, Li Hong-Yi, Xie Bing, Li Gang. Novel Strategy for Green Comprehensive Utilization of Vanadium Slag with High-Content Chromium [J]. ACS Sustainable Chemistry & Engineering, 2019, 7: 18133-18141.

[330] Gao Huiyang, Jiang Tao, Zhou Mi, Wen Jing, Li Xi, Wang Ying, Xue Xiangxin. Effect of microwave irradiation and conventional calcification roasting with calcium hydroxide on the extraction of vanadium and chromium from high-chromium vanadium slag [J]. International Journal of Mineral Processing, 2017.

[331] Zhang Juhua, Zhang Wei, Zhang Li, Gu Songqing. Mechanism of vanadium slag roasting with calcium oxide [J]. International Journal of Mineral Processing, 2015, 138: 20-29.

[332] Zhang Xuefei, Liu Fengguo, Xue Xiangxin, Jiang Tao. Effects of microwave and conventional blank roasting on oxidation behavior, microstructure and surface morphology of vanadium slag with high chromium content [J]. Journal of Alloys and Compounds, 2016, 686: 356-365.

[333] Wang Mingyu, Xiang Xiaoyan, Zhang Liping, Xiao Liansheng. Effect of vanadium occurrence state on the choice of extracting vanadium technology from stone coal [J]. Rare Met-

als，2008，27：112-115.

[334] Peng Hao, Liu Zuohua, Tao Changyuan. Adsorption Process of Vanadium (Ⅴ) with Melamine [J]. Water, Air, & Soil Pollution, 2017, 228：272.

[335] Li Changqing, Zhang Haichao, Tao Ma, Wang Xufeng, Li Hang, Li Yungang, Tian Ying. Efficient Separation of Silicon and Vanadium by Sodium Roasting-Water Leaching from Vanadium Slag and $CaV_2O_6$ Preparation [J]. Crystals, 2021, 11：255.

[336] Yang Kang, Zhang Xiaoyun, Tian Xueda, Yang Yonglong, Chen Yanbo. Leaching of vanadium from chromium residue [J]. Hydrometallurgy, 2010, 103：7-11.

[337] Tian Xueda, Yang Kang, Yang Yonglong, Xie Chang. Effect of an additive on acidic leaching of vanadium from stone coal [J]. Hydrometallurgy of China, 2009, 28：218-221.

[338] Tian Lei, Xu Zhifeng, Chen Lijie, Liu Yan, Zhang Ting-An. Effect of microwave heating on the pressure leaching of vanadium from converter slag [J]. Hydrometallurgy, 2019, 184：45-54.

[339] Liu Zuohua, Li Yan, Chen Manli, Nueraihemaiti Ayinuer, Du Jun, Fan Xing, Tao Chang-Yuan. Enhanced leaching of vanadium slag in acidic solution by electro-oxidation [J]. Hydrometallurgy, 2016, 159：1-5.

[340] Li Minting, Wei Chang, Qiu Shuang, Zhou Xuejiao, Li Cunxiong, Deng Zhigan. Kinetics of vanadium dissolution from black shale in pressure acid leaching [J]. Hydrometallurgy, 2010, 104：193-200.

[341] Peng Hao, Yang Liu, Chen Ya, Guo Jing. Oxidative Leaching of Vanadium from Vanadium-chromium Reducing Residue with $MnO_2$ [J]. IOP Conference Series: Materials Science and Engineering, 2020, 730：012041.

[342] Peng H, Guo J, Huang H, Li B, Zhang X. Novel Technology for Vanadium and Chromium Extraction with KMnO4 in an Alkaline Medium [J]. ACS Omega, 2021, 6：27478-27484.

[343] Dai Wenchan, Sun Shuiyu. Research on new process of vanadium extraction from stone coal by wet leaching [J]. Hunan Nonferrous Metals, 2009, 25：22-25.

[344] Henry P, van Lierde A. Selective separation of vanadium from molybdenum by electrochemical ion exchange [J]. Hydrometallurgy, 1998, 48：73-81.

[345] Peng Hao, Liu Zuohua, Tao Changyuan. Leaching Kinetics of Vanadium with Electro-oxidation and $H_2O_2$ in Alkaline Medium [J]. Energ Fuel, 2016, 30：7802-7807.

[346] Liu Zuohua, Nueraihemaiti Ayinuer, Chen Manli, Du Jun, Fan Xing, Tao Changyuan. Hydrometallurgical leaching process intensified by an electric field for converter vanadium slag [J]. Hydrometallurgy, 2015, 155：56-60.

[347] Jeong J, Aetukuri N, Graf T, Schladt T D, Samant M G, Parkin S S. Suppression of metal-insulator transition in $VO_2$ by electric field-induced oxygen vacancy formation [J]. Science, 2013, 339：1402-1405.

[348] Peng Hao, Liu Zuohua, Tao Changyuan. Selective leaching of vanadium from chromium residue intensified by electric field [J]. Journal of Environmental Chemical Engineering, 2015, 3：1252-1257.

[349] Peng Hao, Li Gang, Wang Feng, Guo Jing, Li Bing. Recovery of Vanadium and Chromium by Two-Step Alkaline Leaching Intensified with Electricity and $H_2O_2$ [J]. Hydrometallurgy,

2019.

[350] Liu Huibin, Du Hao, Wang Dawei, Wang Shaona, Zheng Shili, Zhang Yi. Kinetics analysis of decomposition of vanadium slag by KOH sub-molten salt method [J]. Transactions of Nonferrous Metals Society of China, 2013, 23: 1489-1500.

[351] Liu Biao, Du Hao, Wang Shaona, Zhang Yi, Zheng Shili, Li Lanjie, Donghui Chen. A novel method to extract vanadium and chromium from vanadium slag using molten NaOH - $NaNO_3$ binary system [J]. AIChE Journal, 2013, 59: 541-552.

[352] Zhang Yang, Zheng Shi-Li, Xu Hong-Bin, Du Hao, Zhang Yi. Decomposition of chromite ore by oxygen in molten $NaOH-NaNO_3$ [J]. International Journal of Mineral Processing, 2010, 95: 10-17.

[353] Xue Yudong, Zheng Shili, Du Hao, Zhang Yi, Jin Wei. Cr (Ⅲ) -induced electrochemical advanced oxidation processes for the $V_2O_3$ dissolution in alkaline media [J]. Chemical Engineering Journal, 2017, 307: 518-525.

[354] Wang Zhonghang, Zheng Shili, Wang Shaona, Qin Yaling, Du Hao, Zhang Yi. Electrochemical decomposition of vanadium slag in concentrated NaOH solution [J]. Hydrometallurgy, 2015, 151: 51-55.

[355] Zhang Hai, Xu Hongbin, Zhang Xiaofei, Zhang Yang, Zhang Yi. Pressure oxidative leaching of Indian chromite ore in concentrated NaOH solution [J]. Hydrometallurgy, 2014, 142: 47-55.

[356] Peng Hao, Liu Zuohua, Tao Changyuan. A green method to leach vanadium and chromium from residue using $NaOH-H_2O_2$ [J]. Scientific Reports, 2018, 8: 426.

[357] Peng Hao, Wang Feng, Li Gang, Guo Jing, Li Bing. Highly Efficient Recovery of Vanadium and Chromium: Optimized by Response Surface Methodology [J]. ACS Omega, 2019, 4: 904-910.

[358] Xue Yudong, Zheng Shili, Sun Zhi, Zhang Yi, Jin Wei. Alkaline electrochemical advanced oxidation process for chromium oxidation at graphitized multi-walled carbon nanotubes [J]. Chemosphere, 2017, 183: 156-163.

[359] Podval'naya N V, Volkov V L. Composition and Formation Kinetics of Sodium Polyvanadates in Vanadium (Ⅳ, Ⅴ) Solutions [J]. Russian Journal of Inorganic Chemistry, 2006, 5: 357-361.

[360] Wen Jing, Jiang Tao, Zhou Wanying, Gao Huiyang, Xiangxin Xue. A cleaner and efficient process for extraction of vanadium from high chromium vanadium slag: Leaching in $(NH_4)_2SO_4-H_2SO_4$ synergistic system and $NH_4^+$ recycle [J]. Sep Purif Technol, 2019, 216: 126-135.

[361] Xiong Pu, Zhang Yimin, Bao Shenxu, Huang Jing. Precipitation of vanadium using ammonium salt in alkaline and acidic media and the effect of sodium and phosphorus [J]. Hydrometallurgy, 2018, 180: 113-120.

[362] Chen Desheng, Zhao Hongxin, Hu Guoping, Qi Tao, Yu Hongdong, Zhang Guozhi, Wang Lina, Wang Weijing. An extraction process to recover vanadium from low-grade vanadium-bearing titanomagnetite [J]. Journal of hazardous materials, 2015, 294: 35-40.

[363] Zhang Yimin, Bao Shenxu, Liu Tao, Chen Tiejun, Huang Jing. The technology of extracting vanadi-

um from stone coal in China: History, current status and future prospects [J]. Hydrometallurgy, 2011, 109: 116-124.

[364] Wen Jing, Jiang Tao, Zheng Xiaole, Wang Junpeng, Cao Jing, Zhou Mi. Efficient separation of chromium and vanadium by calcification roasting-sodium carbonate leaching from high chromium vanadium slag and $V_2O_5$ preparation [J]. Sep Purif Technol, 2020, 230: 115881.

[365] Zhang Ju-Hua, Zhang Wei, Zhang Li, Gu Song-Qing. A Critical Review of Technology for Selective Recovery of Vanadium from Leaching Solution in $V_2O_5$ Production [J]. Solvent Extr Ion Exc, 2014, 32: 221-248.

[366] Kang Xingdong, Zhang Yimin, Liu Tao, Liu Jianpeng, Lu Min, Wang Ping. Experimental Study on Preparation of High-purity $V_2O_5$ with Acidic Ammonium Salt Precipitation of Vanadium-rich Liquor [J]. Multipurpose Utilization of Mineral Resources, 2008: 14-18.

[367] Navarro R, Guzman J, Saucedo I, Revilla J, Guibal E. Vanadium recovery from oil fly ash by leaching, precipitation and solvent extraction processes [J]. Waste Manag, 2007, 27: 425-438.

[368] Cai Zhenlei, Feng Yali, Zhou Yuzhao, Li Haoran. Selective Separation and Extraction of Vanadium (V) Over Manganese (II) from Co-Leaching Solution of Roasted Stone Coal and Pyrolusite Using Solvent Extraction [J]. Jom, 2013, 65: 1492-1498.

[369] Zhao Junmei, Hu Qiaoyu, Li Yingbo, Liu Huizhou. Efficient separation of vanadium from chromium by a novel ionic liquid-based synergistic extraction strategy [J]. Chemical Engineering Journal, 2015, 264: 487-496.

[370] Yang Xiao, Zhang Yimin, Bao Shenxu, Shen Chun. Separation and recovery of vanadium from a sulfuric-acid leaching solution of stone coal by solvent extraction using trialkylamine [J]. Separation and Purification Technology, 2016, 164: 49-55.

[371] Ye Guohua, Hu Yibo, Tong Xiong, Lu Lu. Extraction of vanadium from direct acid leaching solution of clay vanadium ore using solvent extraction with N235 [J]. Hydrometallurgy, 2018, 177: 27-33.

[372] Xiong Pu, Zhang Yimin, Huang Jing, Bao Shenxu, Yang Xiao, Shen Chun. High-efficient and selective extraction of vanadium (V) with N235-P507 synergistic extraction system [J]. Chemical Engineering Research and Design, 2017, 120: 284-290.

[373] Wen Jiawei, Liu Feng, Cao Hongbin, Ning Pengge, Zhang Yi. Insights into the extraction of various vanadium species by primary amine [J]. Hydrometallurgy, 2017, 173: 57-62.

[374] Li Xingbin, Wei Chang, Deng Zhigan, Li Minting, Li Cunxiong, Fan Gang. Selective solvent extraction of vanadium over iron from a stone coal/black shale acid leach solution by $D_2EHPA/TBP$ [J]. Hydrometallurgy, 2011, 105: 359-363.

[375] Li Xingbin, Wei Chang, Wu Jun, Li Minting, Deng Zhigan, Li Cunxiong, Xu Hongsheng. Co-extraction and selective stripping of vanadium (IV) and molybdenum (VI) from sulphuric acid solution using 2-ethylhexyl phosphonic acid mono-2-ethylhexyl ester [J]. Sep Purif Technol, 2012, 86: 64-69.

[376] Wang Mingyu, Zhang Guiqing, Wang Xuewen, Zhang Jialiang. Solvent extraction of vanadium from sulfuric acid solution [J]. Rare Metals, 2009, 28: 209-211.

[377] Alexandre Chagnes, Marie-Noelle Rager, Bruno Courtaud, Jacques Thiry, Gérard Cote. Speciation of vanadium (V) extracted from acidic sulfate media by trioctylamine in n-dodecane modified with 1-tridecanol [J]. Hydrometallurgy, 2010, 104: 20-24.

[378] Bal Y, Bal K E, Cote G, Lallam A. Characterization of the solid third phases that precipitate from the organic solutions of Aliquat® 336 after extraction of molybdenum (Ⅵ) and vanadium (V) [J]. Hydrometallurgy, 2004, 75: 123-134.

[379] Kim Hong-In, Lee Ki-Woong, Mishra Debaraj, Yi Kang-Myong, Hong Jeong-Hee, Jun Min-Kee, Park Hea-Kyung. Separation and recovery of vanadium from leached solution of spent residuehydrodesulfurization (RHDS) catalyst using solvent extraction [J]. Journal of Industrial and Engineering Chemistry, 2014, 20: 4457-4462.

[380] Yang Xiao, Zhang Yimin, Bao Shenxu. Preparation of High Purity $V_2O_5$ from a Typical Low-Grade Refractory Stone Coal Using a Pyro-Hydrometallurgical Process [J]. Minerals, 2016: 6.

[381] Thi Hong Nguyen, Man Seung Lee. Solvent extraction of vanadium (V) from sulfate solutions using LIX 63 and PC 88A [J]. Journal of Industrial and Engineering Chemistry, 2015, 31: 118-123.

[382] Zhu Xianzheng, Huo Guangsheng, Ni Jie, Song Qiong. Removal of tungsten and vanadium from molybdate solutions using ion exchange resin [J]. Transactions of Nonferrous Metals Society of China, 2017, 27: 2727-2732.

[383] Thi Hong Nguyen, Man Seung Lee. Separation of molybdenum and vanadium from acid solutions by ion exchange [J]. Hydrometallurgy, 2013, 136: 65-70.

[384] Fan Yeye, Wang Xuewen, Wang Mingyu. Separation and recovery of chromium and vanadium from vanadium-containing chromate solution by ion exchange [J]. Hydrometallurgy, 2013, 136: 31-35.

[385] Wang Xuewen, Xiao Caixia, Wang Mingyu, Xiao Weiliu. Removal of silicon from vanadate solution using ion exchange and sodium alumino-silicate precipitation [J]. Hydrometallurgy, 2011, 107: 133-136.

[386] Zeng Li, Li Qinggang, Xiao Lianshen, Zhang Qixiu. A study of the vanadium species in an acid leach solution of stone coal using ion exchange resin [J]. Hydrometallurgy, 2010, 105: 176-178.

[387] Wang Xuewen, Wang Mingyu, Shi Lihua, Hu Jian, Qiao Peng. Recovery of vanadium during ammonium molybdate production using ion exchange [J]. Hydrometallurgy, 2010, 104: 317-321.

[388] Zeng Li, Li Qinggang, Xiao Liansheng. Extraction of vanadium from the leach solution of stone coal using ion exchange resin [J]. Hydrometallurgy, 2009, 97: 194-197.

[389] Hu Jian, Wang Xuewen, Xiao Liansheng, Song Songru, Zhang Baoqing. Removal of vanadium from molybdate solution by ion exchange [J]. Hydrometallurgy, 2009, 95: 203-206.

[390] Huang Jinwen, Su Peng, Wu Wenwei, Liao Sen, Qin Huiquan, Wu Xuehang, He Xiaohu, Tao Liujia, Fan Yanjin. Concentration and separation of vanadium from alkaline media by strong alkaline anion-exchange resin 717 [J]. Rare Metals, 2010, 29: 439-443.

[391] Zhu Xiaobo, Li Wang, Zhang Qian, Zhang Chuanxiang, Chen Lunjian. Separation characteristics of

vanadium from leach liquor of red mud by ion exchange with different resins [J]. Hydrometallurgy, 2018, 176: 42-48.

[392] Li Qinggang, Zeng Li, Xiao Liansheng, Yang Yanan, Zhang Qixiu. Completely removing vanadium from ammonium molybdate solution using chelating ion exchange resins [J]. Hydrometallurgy, 2009, 98: 287-290.

[393] Izabela Polowczyk, Piotr Cyganowski, Bruno F Urbano, Bernabé L Rivas, Marek Bryjak, Nalan Kabay. Amberlite IRA-400 and IRA-743 chelating resins for the sorption and recovery of molybdenum (VI) and vanadium (V): Equilibrium and kinetic studies [J]. Hydrometallurgy, 2017, 169: 496-507.

[394] Faucher Stéphane, Clotilde Moreau, Philippe Chéry, Gaëtane Lespes. Chelating Performance Evaluation of Ion Exchange Resin Chelex-100 [J]. J Anal Chem+, 2020, 75: 468-473.

[395] Liu Haiwei, Dong Yuanhua, Liu Yun, Wang Haiyun. Screening of novel low-cost adsorbents from agricultural residues to remove ammonia nitrogen from aqueous solution [J]. Journal of Hazardous Materials, 2010, 178: 1132-1136.

[396] Huang Meirong, Peng Qianyun, Li Xingui. Rapid and effective adsorption of lead ions on fine poly (phenylenediamine) microparticles [J]. Chem-Eur J, 2006, 12: 4341-4350.

[397] Li Xingui, Ma Xiaoli, Sun Jin, Huang Meirong. Powerful Reactive Sorption of Silver (I) and Mercury (II) onto poly (o-phenylenediamine) microparticles [J]. Langmuir, 2009, 25: 1675-1684.

[398] Huang Meirong, Lu Hongjie, Li Xingui. Synthesis and strong heavy-metal ion sorption of copolymer microparticles from phenylenediamine and its sulfonate [J]. J Mater Chem, 2012, 22: 17685-17699.

[399] Shu Jiancheng, Wu Haiping, Chen Mengjun, Peng Hao, Li Bing, Liu Renlong, Liu Zuohua, Wang Bin, Huang Teng, Hu Zhibo. Fractional removal of manganese and ammonia nitrogen from electrolytic metal manganese residue leachate using carbonate and struvite precipitation [J]. Water Res, 2019, 153: 229-238.

[400] Shu J, Wu H, Liu R, Liu Z, Li B, Chen M, Tao C. Simultaneous stabilization/solidification of $Mn^{2+}$ and $NH_4^+$-N from electrolytic manganese residue using MgO and different phosphate resource [J]. Ecotoxicol Environ Saf, 2018, 148: 220-227.

[401] Shu Jiancheng, Liu Renlong, Wu Haiping, Liu Zuohua, Sun Xiaolong, Tao Changyuan. Adsorption of methylene blue on modified electrolytic manganese residue: Kinetics, isotherm, thermodynamics and mechanism analysis [J]. Journal of the Taiwan Institute of Chemical Engineers, 2018, 82: 351-359.

[402] Zhu Huiwen, Xiao Xiyuan, Guo Zhaohui, Han Xiaoqing, Liang Yuqin, Zhang Yong, Zhou Cong. Adsorption of vanadium (V) on natural kaolinite and montmorillonite: Characteristics and mechanism [J]. Applied Clay Science, 2018, 161: 310-316.